O

The Nature and Chemistry of Romantic Love

Why We Love
我们为什么相爱

Helen Fisher

[美] 海伦·费舍尔 著

小庄 译

湖南科学技术出版社·长沙

（请靠近过来安静倾听我此刻对你说的悄悄话，

我爱你，啊，你整个地占有我！

啊，让我们逃离他们吧，彻底离开，

自由自在，无法无天，

天空中的两只鹰、海洋中游泳的两条鱼

也比不上我们无拘无束；）

猛烈的风暴急速穿过我，

令我激动颤抖；

两个人永不分离的誓言，

那个爱着我的女人，也是我爱逾生命的，立此为盟。

啊，我情愿为你付出一切。

——沃尔特·惠特曼

"从压抑的疼痛河流"

致读者

什么是爱？莎士比亚也曾为此沉思自语。大文学家不是第一个这样问的人。我本人推测，我们的祖先早在 100 万年前，坐在篝火边或躺着仰望星辰时，就开始琢磨这样的问题了。

　　在本书中，我试图回答这个看起来没法回答的问题。一些事物给了本人这个动机。我也曾爱过得到过，也曾爱过失去过，当然也遍历浪漫爱情中的欢乐与烦忧。不仅如此，我还确信这份激情是人类社会生活的基石，几乎每一个在这个世界上生活的人都感受过浪漫爱情的狂喜和绝望。或许最重要的一点是，对这犹如漩涡一般的事物做个更为清晰的了解，可能有助于人们寻找并存留这份灿烂激情。

　　因此，从 1996 年开始，我做了大量调查，为了搞清楚那个神秘莫测的秘密，即"爱着"的体验。为什么我们相爱？为什么我们选择自己选择的那个人？男人和女人在各自的浪漫感情中有何不同？一见钟情；爱与性欲；爱与婚姻；动物之爱；爱是怎么演化的；爱与恨。以上成了这本书的主题。我也希望能够就如下问题获得一些更深刻的见解——我们是否可能控制这团不可预测的并通常是危险的内心之火。

　　浪漫爱情，我相信，属于三大原始大脑神经网络之一，它被演化出来的目的是指引我们的交配和繁殖。性欲，寻求性满足的渴望，它的出现是为了激发我们的祖先最大化地寻找性结合对象。浪漫爱情，那份"爱着"的狂喜和着魔，则使得他们把一个特定发情期的注意力只投注在一个个体身上，因此可以节约珍贵的交配时间与精力。男女之间的依恋，那种针对一个长期伴侣产生的平静、平和与安全的感觉，它被演化出来是为了激发我们的祖先去长时间爱这位伴侣，时间久得足够用来共同抚育他们的下一代。

简而言之，浪漫爱情深深根植于人类大脑的结构组成和化学机制之中。

但究竟是什么生产了这种叫作爱的事物？

为了对这一点做调查研究，我决定利用最新的大脑扫描技术，叫作功能磁共振成像（fMRI），试着用它去记录那些刚刚疯狂坠入爱河的男人和女人们的大脑活动。

因为这个重要部分被加入调查中，我也得以幸运地揽获了两位别具天赋的合作伙伴：露西·L.布朗（Lucy L.Brown）博士，阿尔伯特·爱因斯坦医学院的神经科学家；还有阿瑟·阿伦（Arthur Aron）博士，纽约州立大学石溪分校的心理学家。另外，德布拉·马谢克（Debra Mashek），当时还是石溪分校的心理学博士候选人，格雷格·斯特朗（Greg Strong），另一位石溪分校的研究生，李海芳（音译）博士，石溪分校的放射线学者，这些才华不凡的人，也在其中扮演了关键角色。经过 6 年时间，我们扫描了超过 40 位男性和女性的大脑，这些人都正疯狂地爱着某人，我们从每个人身上搜集了大约 144 张关于其大脑活动的照片。其中一半的参与者是那些爱着别人同时也得到回应的，其余则是最近刚刚被他/她所倾慕的人拒绝了的。我们想记录下那些和"爱着"相联系的情感区域。

结果是让人震惊的。我们找到了一些基于性别的差异，或许可以用来解释为什么男性那么热衷于视觉刺激而女性可以记住两个人之间的许多细节。我们发现了沉浸在爱之中的大脑是怎样随着时间而变化的。我们确立了一些当你感到爱的狂喜时会变得活跃的大脑区域，这意味着找到了在长期伴侣关系中维持浪漫感觉的新方法。我开始相信动物能互相感受到某种形式的浪漫吸引，我们的发现有助于搞清楚跟踪行为和其他的激情犯罪。我现在更明白为什么我们被拒绝时会感到如此压抑和愤怒，也掌握了一些诱发大脑去减轻这种极大痛苦的途径。

最重要的，我们的结论改变了我对于浪漫爱情的根本看法。我开始将这种热情视作一种基本的人类驱动，就像对于食物、对于水的渴望和母爱冲动一样，这是一种生理需要，一种深切的渴望，一种寻求和赢得一位特定交配伴侣的天性。

这种坠入爱河的驱动产生了人类最引人入胜的歌剧、话剧和小说，最感人的诗篇和令人难以忘怀的歌词，世界上最杰出的雕塑和油画，最多姿多彩的节日、神话和传奇。浪漫爱情装点了这个世界，为我们带来了巨大的欢乐。但是，一旦爱遭到拒绝，就会带来剧烈的伤痛。尾随纠缠、谋杀、自杀，深重的抑郁，全世界各种社会形态中高离婚率和高通奸率都非常普遍。是时候了，让我们严肃地思考莎士比亚的问题："什么是爱？"

我在本书的写作过程中获益良多，也希望它在我们与某种不朽力量做无休止缠斗的过程中对你是有帮助的，这力量叫作：坠入爱的本能。

海伦·费舍尔

目录

第 1 章　　　"多么狂野的沉醉"：沐浴爱河

01

这个世界，把我，以及所有可以拥入怀中的世界

都置于你双臂环抱，对我来说那儿

在你双眼的亮光与阴影之下

有着唯一一位永不老去的美人

——詹姆斯·瓦尔登·约翰逊《永不老去的美人》

"火燃遍了我的全身——那是爱你的痛苦。疼痛伴随着我对你的爱袭遍了我的全身。病症伴随着我对你的爱开始蔓延。因为我对你的爱，痛苦就像要炸开的沸水。因为我对你的爱，我被火吞噬。我记得你对我说的话，我想着你对我的爱，我被你对我的爱撕裂。痛还有更多的痛？你要带着我的爱去哪里？我被告知你将从这儿走开，我被告知你将要从这儿离我而去。因为悲伤，我的身体已经麻木。记住我说过的，我的爱人。再见，我的爱人，再见。"1896年，一位住在南阿拉斯加的匿名夸扣特尔印第安人以当地文字写下了这首揪心的诗。

在你我来到世上之前的漫长岁月中，有多少男人和女人曾彼此相爱过？他们中多少人的梦曾被实现？又有多少人的热情曾被挥霍？每当我走在路上或坐下来开始深思之时，我常常惊叹于这个星球上发生过的所有令人悲伤欲绝的爱情事件。很幸运，世界各地的男男女女留给了我们大量证据，关于他们的浪漫人生。

从伊拉克乌鲁克地区开始，在古老的闪族人中，就有写在木简上的楔形文字以诗的方式讴歌了伊南娜对杜木兹的热烈爱情，她是苏美尔女王，而他是一个牧羊人。"我的心上人啊，我双眼中

的快乐。"伊南娜在 4000 年前如此向他表白。

在吠陀梵语和其他印度文字中，这方面最早的记录出现于公元前 1000 年至前 700 年，说是神秘的宇宙之王湿婆，被年轻姑娘萨蒂给迷住了。那位神的幻想被如此这般记载了下来："他看见萨蒂和自己在一座山顶上/爱意无限缠绕在一起。"

但对于一些人来说，爱的快乐却不曾降临。就像是卡伊斯，古代阿拉伯的部落酋长之子。在公元 7 世纪的阿拉伯传说中，卡伊斯是一个俊美、光亮夺目的男孩，后来他遇见了蕾拉，蕾拉在波斯语里的意思是夜晚，因为她的黑色长发就像夜晚一样。卡伊斯如此沉醉于她，以至于有一天他从学堂里冲出去在大街上喊她的名字。从此以后他就被人称作马依努，意思是疯子。马依努很快流浪到了沙漠中，和动物们一起住在洞穴里，每天为他心爱的人吟唱歌谣。蕾拉则被关在了父亲的帐篷里，晚上她溜出去把写着情话的纸条抛到风里。有恻隐之心的路人捡到的话会把这些话带给那位毛发野长、几近赤身的吟诗男孩。他们彼此的热爱最终导致了两个部落之间的战争——最后这对情人也死了。只留下了这个传奇在世间飘荡。

公元 12 世纪，在中国神话《碾玉观音》中，15 岁的美兰是开封府一位高官之女，她和张白相爱了。张白是个开朗的小伙子，有着细长的手指，天生就是块好玉匠的材料。"天造地设是一对，我俩相许永不弃。"有一天早晨张白在美兰父亲的花园中向她表白。这对恋人身处不同的阶层，在中国古代严苛的社会等级制度下，只能私奔以求在一起——却很快被发现了。男方逃走了，女方被囚禁在父亲的花园中，生不如死。但是这个故事却感动了很多中国人。[1]

罗密欧和朱丽叶，帕里斯和海伦，奥菲斯和尤丽狄丝，阿伯拉和哀绿绮思，特洛伊罗斯和克瑞西达，特里斯坦和伊索尔德，不计其数的浪漫诗篇、歌曲和故事穿过了一个又一个世纪，从古代欧洲，到中东、日本、中国、印度，到其他每一个留下了文字记录的社会。

即便在那些没有文字记录的民族，也保留了这种激情的证据。事实上，有一个在 166 种不同文化中开展的调查得出来的结果是，在其中 147 种里头，人类学家都找到了浪漫爱情的遗留痕迹，也就是说浪漫爱情的占比几乎达到 90% 了。剩下的 19 种文化中，科学家没有检测到人们生活中的这一方面。但是从西伯利亚到澳大利亚内陆再到亚马孙雨林，人们都唱着情歌，写下情诗，讲述着有关浪漫爱情的传说和神话。很多人都在炮制爱的魔法——带着护身符和咒语，或提供各种佐料以诱发浪漫的芬芳；很多人私奔；很多人被得不到回报的爱情所深深折磨。一些人杀死了他们的情人；一些人杀死了他们自己；很多人沉浸在痛苦之中难以自拔。

通过阅读这些来自世界各地人群的诗篇、歌曲和故事，我开始相信制造浪漫爱情的能力已根深蒂固地编织到了人类大脑构造之中。浪漫爱情是广泛存在的人类经验。

这种反复无常的、通常难以控制的、会挟持我们大脑的、此

1　《碾玉观音》的故事来自宋代话本，男女主角名为崔宁和璩秀秀，但这里却不是话本中的原名，其实是因为海伦·费舍尔（本书作者）看到的是另一个版本——林语堂在《中国传奇》中改编了这个故事，并把主角的名字改为张白和美兰。——译注

一刻带来狂喜而下一刻带来绝望的感情，它，到底是什么？[1]

爱情调查

"噢，告诉我爱的真理。"诗人 W. H. 奥登（Wystan Hugh Auden，1907—1973，英国人）曾大声呼喊。为了搞明白这种深奥的人类经验的真实起因，我考查了有关浪漫爱情的心理学文献，从中遴选出那些被反复提及的特征、征状或境况。结果并不出乎意料，这强有力的情感是许多具体特征的复合体。

接下来，为了验证我的一个观点，即这些浪漫激情的特点是普遍存在的，我把它们置入一张为浪漫爱情而设计的调查问卷。在来自罗格斯大学的研究生助手米歇尔·克里斯蒂亚尼（Michelle Cristiani），还有来自东京大学的两位博士长谷川真理子（Mariko Hasagawa）和长谷川寿一（Toshikazu Hasaga-wa）的帮助下，我把它分发到了这两所大学：罗格斯大学（在新泽西州）和东京大学。

这份调查的开头写道："本问卷是关于'恋爱'的调查，这种感觉指的是被冲昏了头脑、激情难抑，或者被某个人强烈吸引。"

"如果你目前并未和某人处于'恋爱'状态，但是你对过去的某个人感觉十分强烈，那就针对脑海中的那人来回答这些问题。"而后参与者就会被问一通统计性质的问题，包括年龄、经济背景、

1　神经科学家对"情感"和"感觉"做了技术性的划分。他们把情感看作用以发生生存行为的特殊神经系统；而感觉，他们说，是对情感的有觉知状态（Damasio 1999；LeDoux 1996，p. 125）。我在此不做这样的区分，认为可以互换。——原注

信仰、种族、性倾向和婚姻状态。我还会问他们关于恋爱的问题，包括"你恋爱多久了？"（附件问题 S5）"平均每天你想到这个人的时间会占多少百分比？"（附件问题 S3）和"有些时候你会不会觉得自己的情感无法控制？"（附件问题 S4）

然后就是这份问卷的主体部分了（见诸本书附件部分）。它包括 54 个陈述，如"我和＿＿＿＿在一起时觉得拥有更多精力"。（附件问题 17）"在电话里听到＿＿＿＿的声音时，我的心跳会加速"。（附件问题 9）和"当我在上课/上班时思绪会飘向＿＿＿＿"。（附件问题 24）所有这些由我设计的问题都是为了反映浪漫爱情最普遍的特征。然后针对这些问题有从"强烈不同意"到"强烈同意"共七个级别的分级回答，问卷对象们被要求标示出他们同意的选项。一共有 437 名美国人和 402 名日本人填写了问卷。随后统计员麦格雷戈·铃木和托尼·奥利维亚收集下所有这些数据并做了统计分析。

结果是让人吃惊的。不论任何年龄、性别、性倾向、宗教信仰、种族，这些人提供的回复并无太大差异。

举例来说，问卷中 82% 的问题在不同年龄层的人里面得到的回答没有显著差异，45 岁以上的人和 25 岁以下的人一样对所爱者充满激情。异性恋者和同性恋者在 86% 的问题回复中表现近似。在 87% 的问题中，美国男性和美国女性的反应实际上是差不多的：这意味着性别差异微乎其微。美国"白人"和其他人种在 82% 的问题回答中表现近似：这意味着种族在浪漫热情中也未曾带来差异。天主教徒和新教徒在 89% 的问题回答中没有明显不同：这意味着加入的教会也不是影响因素。在这些组别中显示出来的"统计区别"仅仅在于其中一组可能会比另外一组显得稍稍热情一点。

比较大的不同出现在美国人和日本人之间。在43个问题中他们表现出了统计学意义上的区别，但其中一国的人只是比另一国的人稍稍显得激情了点，而另外12个问题，两国人出现了引人注意的差异，都含有非常明显的文化因素。例如，只有24%的美国人同意如下陈述："当我和＿＿＿＿说话的时候，我经常会害怕自己说错了什么。"（附件问题13）日本人中同意这一点的人比例就很大，为65%。我猜想这种特殊的差异会发生是因为日本的年轻人和美国的年轻人相比，与异性的恋爱关系更少也更正式。因此，方方面面考虑进去，在这两种相当不同的社会里，男性和女性对于浪漫激情的感觉都是相当相似的。

浪漫的爱、执着的爱、激烈的爱、迷恋，随便你怎么叫。任何时代任何文化中的男性和女性都曾被这种不可抵抗的力量"迷醉过、烦扰过、困惑过"。对于人类来说，"恋爱"是普遍存在的，此乃人类天性的一部分。

甚而，这种魔法来拜访我们每个人的方式都是一样的。

特殊含义

当你堕入情网时，发生的第一件事就是，将要经历一次戏剧性的意识转换：你的"爱恋对象"呈现出心理学家所称的"特殊含义"，你的心上人变得新奇、独一无二且至关重要。有位被此情形击中的男人曾如此描述："我整个世界都被改换了。它有了新的中心，那个中心就是玛丽莲。"莎士比亚笔下的罗密欧则更言简意赅地表达了这种感觉，描述倾慕的那一位："朱丽叶是太阳。"

在关系发展为恋爱之前，你可能会被好几个不同的个体吸引，把注意力投向其中一个，然后又换作另外一个。但最终你将开始把热情贯注到唯一一个的身上，艾米莉·狄金森（Emily Dickinson，1830—1886，美国隐士女诗人）把这个私密世界叫作"你的国度"。

这种现象和人类无法在同一时期对多于一个人产生浪漫激情有关。在我的调查中，79% 的男性和 87% 的女性称，他们即便在恋人没空的时候也不会和其他人出去约会。（附件问题 19）

聚焦的注意力

被爱占领的个体把他或她所有的注意力都集中到了心上人身上，甚至不惜损害身边的任何事任何人，包括工作、家庭和朋友。奥特加·伊·加塞特（José Ortegay Gasset，1883—1955，西班牙哲学家、评论家）把这叫作"发生在正常人身上的不正常注意力状态"。这种聚焦的注意力是浪漫爱情的一个核心方面。

被爱冲昏了头脑的男人和女人也会将注意力集中于所有能和心上人联系起来的事件、歌曲、信笺和其他微小的事物。某次他停下来向她展示春天公园里的一朵蓓蕾，某个夜晚他在兑饮料时她掷过来一个柠檬，对于那些满脑子只有爱的人来说，这些偶发瞬间犹如在呼吸一般生动。在我的调查中，73% 的男性和 85% 的女性能够记得起他们心上人说过的琐碎之事。（附件问题46）83%的男性和90%的女性承认当他们想到心上人，就会在脑海中一遍遍地回放这些片段。（附件问题52）

无数的恋人都可能会在想起和心上人一起度过的时刻之际涌起一股柔情蜜意。一个感人的例子是，9世纪的中国诗人元稹（779—831）在《竹簟》一诗中写道："竹簟衬重茵，未忍都令卷。忆昨初来日，看君自施展。"对他来说，日常的每件物体都具有了标志性的力量。

克雷蒂安·德·特罗亚（Chrétien de Troyes，12世纪法国诗人）所著文学故事《兰斯洛特》[1]（Lancelot），同样也描述了浪漫激情中的这个方面。王后和随从走后，兰斯洛特发现她的梳子掉在了小道上，几缕金发缠于梳齿中。德·特罗亚写道："他开始爱慕这些发丝，千百次地将它放在眼皮上、嘴巴上、前额上和脸颊上摩挲。"

1　兰斯洛特（Lancelot du Lac），传说里亚瑟王领导的圆桌骑士中的传奇人物，被誉为"第一骑士"。格尼维尔（Guinevere）嫁给了亚瑟王，她的父亲送给亚瑟王那张著名的圆桌作为嫁妆。成为王后的她与兰斯洛特发生精神恋爱，两人恋情曝光后逃到了法国，受到良心的谴责又回到了不列颠。格尼维尔被亚瑟王判处火刑，兰斯洛特强袭刑场救走格尼维尔，逃到法兰西建立起自己的领地。虽然兰斯洛特因顾虑名誉勉强交还了格尼维尔，但亚瑟王依然发兵亲征法兰西，留下表兄盖文和侄子莫德雷德管理王国。莫德雷德发动叛乱杀死盖文，欲强娶格尼维尔，并向回师的亚瑟王发动大战。双方两败俱伤，亚瑟王的传奇也就此终结。后痴心的兰斯洛特返回英格兰继续追求格尼维尔，然而王后因为愧疚而做了修女，骑士也出家做了修道士，两人至死再未见面。——译注

过誉心上人

昏了头脑的恋人们还会开始放大，甚至夸大倾慕对象身上很细小的方面。如果逼问一下，几乎所有恋人都能指出对方身上自己不喜欢的方面。但是他们会把这些看法扔到一边或者说服自己这些缺点是独一无二和迷人的。"所以恋人们总能操纵热情的来由/爱他们的女人甚至连缺点也一起。"莫里哀（Molière，1622—1673，法国喜剧作家）戏谑道。的确如此，很多人甚至会爱慕对方的缺陷。

而且恋人们会更加过分地溺爱心上人的正面品质，明目张胆地置现实于不顾。这就是玫瑰色眼镜后的生活了，心理学家把这个叫作"粉红滤镜效应"。弗吉尼亚·伍尔芙（Virginia Woolf，1882—1941，英国女作家）栩栩如生地描述过这种"近视"，她说道："但爱……它仅仅是幻象。一个某人在脑中编造的另一个人的故事，每时每刻他都知道这不是真的。但显然他明白：为何要小心翼翼不去破坏这个幻象。"

我们在美国人和日本人中开展的样本调查显然表明了这个"粉红滤镜效应"。65%的男性和55%的女性同意如下陈述："_____有些缺点，但它们对我不足以造成困扰。"（附件问题3）64%的男性和61%的女性同意如下陈述："我喜欢_____的一切。"（附件问题10）

言及恋爱的时候我们是如何欺骗自己的，乔叟（Chaucer，

1340—1400，英国诗人）说得好：爱是瞎子。

侵入性思维

浪漫爱情的一个初兆就是心上人萦绕于心挥之不去。对心理学家来说叫作"侵入性思维"。你就是没法让那个人走出自己的头脑。

世界各地的文学中这种例子比比皆是。公元前 4 世纪的中国诗人屈原写道："哀见君而不再得。"公元 8 世纪一位日本无名诗人哀叹道："我的渴望没有停止的一刻。"12 世纪法国行吟诗人吉罗·德·博尔内伊（Giraut de Borneil，1138—1215）唱道："因为太多的爱……我的想法在如此严酷地折磨着我。"一位新西兰的毛利土著以如下言辞表达了他的痛苦："我躺在一生那么漫长的夜里无法睡去/因为爱偷偷地将我掠夺。"

也许关于侵入性思维最突出的例子，来自沃尔夫拉姆·冯·埃申巴赫（Wolfram von Eschenbach，1170—1220，德国诗人）写于中世纪的杰作《帕西法尔》（Parzifal，亚瑟王传奇中寻找圣杯的英雄人物）。故事里，帕西法尔骑着他的坐骑在路上发现了雪地上的三滴血，这是一只被猎鹰攻击过的野鸭流下来的，这使得他想起了妻子康德维拉姆斯那白里透红的肤色。怔怔地，帕西法尔勒马沉思，凝固在马镫里。"随着他的沉思，渐渐忘我，直到他的感觉离他而去，强有力的爱将他牢牢控制。"

不幸的是，帕西法尔当时正直直地拿着他的长矛——这是一个骑士发起挑战的信号。很快驻扎在附近的两个亚瑟王的骑士注意到了，飞奔出来向其发起进攻。还好帕西法尔的一个随从马上拿了一条黄色披巾遮住血滴，迫使他从恍惚中醒来，放下武器，这才避免了一场殊死战斗。

爱太强大了，一点也不出乎意料，我的调查中79%的男性和78%的女性报告说，当他们在上课或上班的时候，脑子里面会持续地回放心上人的片段。（附件问题24）47%的男性和50%的女性同意"不管从什么事情开始，我的思绪总归最终会回到_____身上"。（附件问题36）其他的调查也有类似发现。报告者说他们醒着的时候，有85%以上的时间会想到他们的心上人。

弥尔顿（John Milton，1608—1674，英国诗人、政论家）在《失乐园》里形容得恰到好处，夏娃对亚当说："和你说话时，我忘掉了所有时间。"

情感的火焰

在我调查所涉及的839名美国人和日本人中，80%的男性和79%的女性都同意如下陈述："当我确信_____对我也有着激情时，就立刻觉得轻飘飘。"（附件问题32）

一些人在心上人出现的时候会变得羞涩难当或笨拙尴尬，一些人脸都刷白了，一些人则涨红了，一些人会发抖，一些人会结巴，一些人出汗，一些人双膝发软，一些人出现眩晕，或者"胃里好像有只蝴蝶"。另有一些人报告说呼吸加速，还有许多人感到心中有团火。

古罗马诗人卡图卢斯(Gaius Valerius Catullus，公元前87年—前54年)显然已情难自禁，他在写给情人的信中说道："你叫我疯狂，看见你时，我的莱斯比亚，我就会呼吸困难。我说不出话，我已经被火烧遍了全身。"小野小町(Ono Komachi，825—900，日本平安时代的女诗人)写道："我寝而不能眠，发着热，激情火势蔓延，爆裂迸发于心。"公元前900年—前300年出现的希伯来情诗《雅歌》(Song of Songs)中，曾哀叹："爱令我昏厥。"美国诗人沃尔特·惠特曼更把这份情致描写到了极致："猛烈的风暴急速穿过我——令我激动颤抖。"

恋人们被拴在了一只兴高采烈的风筝上飘得如此之快，他们中很多人发现自己已经吃也吃不下，睡也睡不着。

精力过剩

茶饭不思和无心睡眠与另一种恋人们不可抑制的感受直接挂钩：无穷无尽的精力。比如一个来自南太平洋曼加伊亚岛的年轻人告诉一位人类学家，当他想到自己心爱的人时，就会"感觉像蹦到了天上"！在我们的调查中，64%的男性和68%的女性也报告说，只要在电话中听到心上人的声音，心跳就会加速。77%的男性和76%的女性报告说，和心上人在一起时就会获得一股能量。(附件问题17)

民谣歌者、游吟诗人、抒情诗人、剧作家：一个个世纪以来，男人和女人们为这激励人心的化学反应而歌唱，与浪漫之爱伴生的还有令人局促的说不出话、心怦怦跳、呼吸不能等。在所有关于这超乎心神与生理之骚动的论述中，没人可以比安德烈亚斯·凯培拉涅斯（Andreas Capellanus，12 世纪的教士与学者）写得更生动，这位有学问的法国人，穿行于高级宫廷社交圈，并留下了《宫廷式爱情艺术》（*The Art of Courtly Love*），一部那个时代的文学经典。

在他生活的那个世纪，法国的宫廷式爱情传统开始浮现并成型。约定俗成的规矩为恋人们如何与心上人相处指明了方向。情人们经常以一位行吟诗人的形象出现——一位受过良好教育的诗人、音乐家或歌手，经常是拥有骑士头衔的。他的心上人，在很多案例里，是一位嫁给了某显赫欧洲家族的女子。行吟诗人们谱写了浪漫无比的歌曲并唱给这位女士听，表达对她的崇拜和吹捧。

甚至这些"罗曼史"被期望是纯精神而不涉及性的——恪守严格而复杂的骑士规则。所以在他这本书里，凯培拉涅斯编纂了宫廷之爱的规则。不知不觉中，他也列举了很多浪漫之爱的重要特征，其中有恋人们自己内心的骚动。他巧妙地表达如下："突然间他看到了心上人，心跳立刻急速加剧。""每位恋人在见到心上人的时刻都会脸色惨白。""一位被爱恋折磨的男子寝食难安。"

这位久经世故的牧师也说到了恋人们所经历的"侵入性思维"，他声称"恋人在做的每一件事都以想起心上人而终止"。以及"一位真正的恋人会持续地不间断地被心上人的形象所充盈"。他也清晰地认识到恋人们会将自己的全部注意力都集中到一个人身上，有道是："没有谁能够同时爱两个人。"

近千年之后，以上浪漫之爱的基本要素也依然未变。

情绪摇摆：从狂喜到绝望

"渌水明秋月，南湖采白苹。荷花娇欲语，愁杀荡舟人。"对于公元 8 世纪的中国诗人李白来说，浪漫之爱显得十分令人心碎。

爱给人带来的感觉总是跌宕起伏。如果心上人对恋人投以专注，经常打打电话，写写关怀备至的问候邮件，下午或晚间与对方一起享受美食和欢闹，这样世界也好似会发光。但如果爱慕的那位表现并非如此，而总是慢半拍或显得毫不在意，不回电邮，不回电话，不回信件，或表现出其他一些消极的信号，这位恋人就会感到失望，无精打采，愁眉苦脸。面对这样的状况，求爱一方会失魂落魄，除非得到对方给予的解释，方能消解揉碎的心情，重新开始下一轮进攻。

浪漫激情能产生一大堆缭乱的情绪，从欣喜到焦虑、失望，甚至当爱慕遭到漠视或拒绝之时会有愤怒。如瑞士作家亨利·弗雷德里克·阿米尔（Henri-Frédéric Amiel，1821—1881）写道："一个人爱得越多，他受的苦难越多。"印度南部的泰米尔人对这种不安情绪有一个特别的叫法：晕眩的（mayakkam），这个词语有陶醉、眩晕和妄想之意。

对我来说并不惊讶的是，调查中 72% 的男性和 77% 的女性没有同意这个陈述："_____的行为对我的情绪并无影响。"（附件问题 41）。68% 的男性和 56% 的女性支持这一陈述："我的情绪状态

取决于_____对我的感觉。"（附件问题 37）

渴求心意相通

"来我的梦里，然后，天明时我将再次安好，如此夜晚便能得到补偿，补偿白天的无望等待。"恋爱中的人都对心仪对象有一种心意相通的热切祈求，诗人马修·阿诺德（Mathew Arnold，1822—1888，英国人）正明白这一点。没有这种联结的话他们会强烈地感到缺失或空虚，就好像身上的某个重要部件丢失了一般。

这不可遏止的对心意相通的心理需求在《会饮篇》中表现得令人印象深刻，柏拉图的这篇著作中描写了公元前 416 年雅典举行的一次宴会。在那个节日之夜，全雅典的伟大人物济济一堂，齐聚于阿加东的家里。当他们刚刚坐定，有位客人提议说，大家可以一起来寻个乐子，进行一场欢闹的主题讨论：每个人依次描述并赞美爱神。

所有人都同意了，只有吹长笛的姑娘可以不用参与。接下来，一个一个轮流开始。有人提出这位超自然的角色是所有的神祇之中"最古老""最荣耀"或"最难以鉴别的"，其他人则认为爱神是"年轻的""敏感的""有力量的"或"美好的"。只有苏格拉底除外，他用和女祭司狄奥提玛对话的方式开始了自己的陈述。狄奥提玛是一位来自希腊南部古城曼提尼亚的智慧女子。言及爱神，她曾告诉苏格拉底："他一直处于一个被需要的状态里。"

"被需要的状态"，也许在所有的文学中都找不到比这简单的短语更能够形容浪漫激情的根本了：需要。在我的调查当中，86%的男性和84%的女性都同意如下表述："我深深地希望_____被我所吸引就像我被ta所吸引一样。"（附件问题30）

公元6世纪的罗马诗人保卢斯·西伦提阿尼斯（Paulus Silentiarius）写道："情人们躺在那儿，嘴唇紧闭，每个人都渴望完整地进入对方。"伊沃尔·温特斯（Yvor Winters，1900—1968），这位20世纪的美国诗人写道："愿后人将我们封入一个骨灰瓷，成为一个灵魂，永不复返。"弥尔顿在《失乐园》里则更加完美地描述了这番情景，亚当对夏娃说："我们是一体的，一个身躯，失去你就是失去我。"

哲学家罗伯特·所罗门（Robert Solomon，1942—2007）相信这种强烈的愿望正是恋人们说出"我爱你"的主要原因。这不是一个关于事实的声明而是一种希望得到确认的要求。恋人们渴望听到那些强有力的回应："我也爱你。"想要寻求心意相通的愿望是那么深切，心理学家们甚至认为恋人们和心上人在一起时自我意识也是模糊的。如弗洛伊德所说："在最巅峰时，恋爱的状态会产生威胁，破坏本我和对象之间的界限。"

小说家乔伊斯·卡罗尔·欧茨（Joyce Carol Oates，美国作家）生动地捕捉到了这种让人感觉幸福到极点的融合，她写道："如果他们突然朝我们转过身来，我们将向后退缩，皮肤骤然轻微出汗，我们是否会被撕裂为两个人？"

寻找暗示

当恋人们尚不知自己的爱是否会被珍惜和得到回报之时，他们会对对方给出的暗示有些神经过敏。就像罗伯特·格雷夫斯（Robert Graves，1895—1985，英国诗人）写下的那样："听取一记敲门，等待一个手势。"在我的调查中，79%的男性和83%的女性报告说，当他们被某个人所强烈吸引时，就会去分析对方的动作，寻找和他或她对自己的感觉有关的线索。（附件问题21）62%的男性和51%的女性都承认他们有时候会搜索心上人言辞或手势中的"话外音"。（附件问题28）

改变优先级

很多被爱情冲昏了头脑的人还会改变自己的衣着风格、言谈举止、生活习性，某些时候为了赢得心仪对象的眷顾甚至去改变自己的价值观。他们会突然间对高尔夫、探戈课、古董收藏感起兴趣来，弄了新发型，让莫扎特取代了西部乡村乐，更有甚者跑到一个新城市或者开始了一段新生涯。一言以蔽之，痴情的男人们和女人们会去采纳各种新的兴趣、信仰和生活方式，为的只是取悦他们心爱的人。

12世纪的宫廷爱情之王安德烈亚斯·凯培拉涅斯总结了这种

冲动之举，写出如下句子："爱毫无拒绝之力。"一个被爱搅昏了的美国男人坦言："她喜欢的任何东西，我都喜欢。"许多人和他一样。在我的调查中，79%的美国男性和70%的美国女性同意以下表述："我会愿意把自己的时间安排对_____敞开，只要 ta 有空了，我们就可以彼此见面。"（附件问题47）

为了顺应心爱的人，恋人们愿意重新安排自己的生活。

情感依赖

恋人们也会变得依赖这种关系，十分之依赖，就像莎士比亚笔下的安东尼对克莱奥帕特拉所宣称的那样："我的心被绳索绑在了你的舵上。"一首古埃及的象形文字诗也描述了同一依赖，说："我的心会是一个奴隶／如果她抱着我。"12 世纪的游吟诗人阿诺特·丹尼尔（Arnaut Daniel，生卒年不详）写下了："我从头到脚都是她的。"诗人约翰·济慈（John Keats，1795—1821，英国人）是其中最富有激情的，他写道："静静地，静静地听着她轻柔的呼吸，如此一直活着，否则将昏迷至死去。"

因为恋人们是如此依赖一个爱恋对象，当不能接近对方时，他们都深受可怕的"分离焦虑"之折磨。一首大约写于 10 世纪的匿名日文诗痛陈这份失望："晨曦渐开，于微光中，第一缕，悲伤袭来，我助你着衣。"

恋人们就像被另一位的心弦所操纵的木偶。

共　情

作为后果，恋人们能从心爱之人那里感到巨大的共情。在我的调查中，64%的男性和76%的女性同意这个陈述："_____快乐，我就快乐，_____悲伤，我就悲伤。"（附件问题11）

诗人卡明斯（E. E. Cummings，1894—1962，美国人）用非常迷人的语句描写了这种情形："她笑他的欢乐、泣他的悲伤。"许多恋人甚至愿意为了心爱的人去牺牲。也许在西方文学中，亚当为夏娃所做出的牺牲是最为戏剧性的付出了，就像弥尔顿描述的那样，当发现夏娃吃下了禁果之后，亚当的选择是自己也吞下禁果——他知道这样做的后果，会是被驱逐出伊甸园，但亚当说："为了和你在一起，显然我的决定是愿意去死。"

愈挫愈热烈

困境往往会加速爱火的燃烧。我把这种奇妙的现象叫作"挫折诱惑"，但它更普遍的叫法是"罗密欧与朱丽叶效应"。社会或身体的障碍能够激发浪漫激情，它们使得当事人能够置一些事实于不顾而又把关注集中在其他妙不可言的方面。甚至争吵或暂时分开也能起到刺激作用。

文学中最有趣的例子来自于契诃夫的独幕剧《熊》(*The Bear*)，

它充分地展现了逆境是如何推动浪漫的。

在剧中，一个脾气暴躁的地主格里高利·斯捷潘诺维奇·斯米尔诺夫（Grigory Stepanovich Smirnov）跑到一位年轻寡妇家中追讨她亡夫欠自己的钱。这女人一个铜板儿也不想还。她解释说自己正沉浸在悲痛之中，并且对着他嚷嚷："我现在没有心情管钱的事。"于是导致斯米尔诺夫接下来发表了一通长篇大论一举诋毁所有的女人——说她们伪善、爱骗人、搬弄是非、搞诽谤、满怀怨恨、爱造谣说谎、卑鄙、大惊小怪、无情、没逻辑。"哦，"他气急败坏地说："简直愤怒得发抖。"很快又叫嚣说要来一次决斗。寡妇恨不得给这人头顶上戳个洞，于是翻找出了死去丈夫的枪。他们各自站好了位置。

但随着怨恨加深，尊重倒慢慢建立起来了——以及彼此之间的吸引。转眼间斯米尔诺夫突然来了个大转弯："现在我明白了，这是什么样的一个女人！一个真正的女人！这不是一个哭哭啼啼的娘儿们，却是一个火球，一支火箭，火药！"很快他就宣称，爱死她了，希望她愿意嫁给自己。当寡妇的仆人们举着斧子、耙子和叉子冲进房间想要保护女主人的时候，立刻被震得目瞪口呆——眼前这对人儿已甜蜜而又疯狂地抱在了一起。

在世上流传甚广的那些传说中，这种逆境和浪漫爱情之间的奇怪关系，常可见诸不幸恋人们的身上。被这样或那样的困难所阻碍，他们只会爱得更用力。

西方文学中最脍炙人口的这类故事，当属莎士比亚的《罗密欧与朱丽叶》。这对 16 世纪的年轻维罗纳恋人，身陷两个强大家族的世仇之中。罗密欧来自蒙达犹家族，朱丽叶来自卡普雷特家族。

在一个家庭舞会上，罗密欧对朱丽叶一见钟情，他大叫道："啊！火炬远比不上她明亮/我发誓现在才倾心爱上/今晚方见着了真正的美人儿！"朱丽叶，同样的，一下子被丘比特之箭射中。随着罗密欧离开，她对保姆说："过去问下他的名字。如果他已成家，那么我的坟墓就是我的婚床。"这场剧在一幕幕阻碍和混乱中展开，却更加坚固了他们的爱情。

我的调查中，65%的男性和73%的女性同意以下的陈述："我永不放弃爱_____，即便情况很不好的时候。"（附件问题26）75%的男性和77%的女性同意以下陈述："当和_____的关系受到一些阻碍时，我会尽力使事情好转。"（附件问题6）

先前所未曾预想到的调查结果之一显然要归咎于爱的逆境。来自同性恋的反馈，无论是男同性恋还是女同性恋，比起异性恋，都报告了更多情绪上的混乱。这些人更多地出现失眠、吃不下饭等情况，且更渴望与心上人心意相通。我认为这种精神压力的发生，至少部分是出于很多同性恋恋人都必须去全力克服的社会障碍。

那些一边想着前一位恋人一边回答我的问卷的人情绪上也显得更为脆弱。他们一样会吃睡难安。他们见到前心上人的时候，更羞愧也更尴尬。他们为更多的"侵入性思维"和更多的情绪摇摆所困扰。他们在想到过去的感情时也更多出现心跳加速。我怀疑这些受调查者都曾遭到了心上人的排斥——而这些窘境却激发了他们的浪漫热忱。

就像动荡海面上的一艘划艇，男人和女人们都在爱情的痛苦和喜悦交替之中上下颠簸，而障碍却加固着这些感情。如果你心爱的人和其他人结婚了，如果他或她住在大洋彼岸，如果你们语言不通，从不同的种族而来，或者仅仅是来自城镇的不同区域，这样的障碍都会加强浪漫激情。狄更斯（Charles Dickens，1812—1870，英国人）如此描述道："爱常在隔离和最艰难的环境中绚烂生长。"天哪，他说得对。

希　望

"告诉我，我可以活在希望中。"在拉辛（Jean Racine，1639—1699，法国剧作家、诗人）描述爱与死亡的戏剧里，皮洛士[1]王对着安德洛玛克恳求。为什么恋人们能持之以恒地怀揣希望，即使命运的骰子无情地一次次戏弄他们？大多数人一直在期待这段关系能重新回来——哪怕一年年过去无疾而终。希望是浪漫之爱的另一个主要特征。

迈克尔·德雷顿（Michael Drayton，1563—1631，英国诗人）写于16世纪的一首迷人的诗表达了这种乐观主义："既已没有希望，来，让我们亲吻分别，不，我做完了该做，你再也不能得到任何，我欢喜，是的，从心底里欢喜，如此清楚自己自由了，握手道个永别，销去我们所有誓言，以及无论何时再见，都不要让它现于我们眉间，谁还对前情有一丁点眷恋。"德雷顿用这样的言

1　皮洛士（前319年或前318年—前272年），是古希腊伊庇鲁斯国王，出身埃阿喀斯家族，后来成为马其顿国王、西西里国王，希腊化时代著名的将军和政治家，也是早期罗马共和国称霸意大利半岛的最强大的对手之一。——译注

语自信地宣称，这场爱情最终并轻易地结束了。但是到了这首诗的最后，他突然改变了语调。被希望战胜了的他又表明"爱"依然能够被拯救："现在，若你愿意，在一切都放弃了他的时刻，你仍可叫他从死中复生！"

我想对希望的追求世代以来就深植于人类的大脑，因此祖先们会紧紧追随潜在的配偶直至最后一点摇曳的可能性都消失为止。

性爱联结

"无法与你甜蜜地做爱我宁愿死去一百次。我爱你。不顾一切地爱你。我爱你就像爱自己的灵魂。"在公元 2 世纪阿普列尤斯（Apuleius，124—170，古罗马作家）撰写的《金驴记》（*The Golden Ass*）中，赛琪对她丈夫伊洛斯这般宣称。"被欲望炙烧着，"故事接着写道，"她倚靠过去冲动地、猛烈地吻他，一个个雨点般的吻，生怕他在她结束之前就会醒来。"

世界各地的诗歌都证明了恋人们寻求和心上人产生性爱联结的强烈渴求，这是浪漫之爱的另一个基本特征。

在《所罗门之歌》（*Songs of Solomon*）中，女人大声喊叫："噢北风，醒来，南风，起来，在我的花园里吹，让我的香味流淌，让我的爱人进入他的花园，食用他甜美的水果。"伊南娜，古苏美尔的女王，被杜木兹的性爱所迷惑，说道："噢，杜木兹，你的满足是我的欣喜！"不过我所听过最甜美的话语来自一位匿名英语诗人："西风，汝何时吹？细雨霏霏，耶稣，倘若吾爱在吾臂，吾将复入床榻。"

弗洛伊德（Sigmund Freud，1856—1939，奥地利精神分析学家），和很多学者还有外行一样，认为性本能是浪漫之爱的核心组成。这已不是什么新观念了，那些研究印度性爱指南手册《爱经》[1]（*Kama Sutra*）的人，都知道英文中的 love 一词来自梵文 Lubh，意思便是"生出欲望"。

显而易见，浪漫的感觉和性欲的渴求是纠缠在一起的。无论如何，如果在我们祖先身上演化出来的浪漫激情为的是使他们将交配精力集中在一个特别的个体身上，直至受精完成（我会在接下来的章节中阐述），那么浪漫激情一定和性欲相关。

我的调查结果也支持了这一主张。73% 的男性和 65% 的女性会做和心上人发生性关系的白日梦。（附件问题 34）

性　排　他

恋人们同时也要求性排他。他们不希望自己"神圣的"关系被外来者所破坏。当一些人和"只不过是一个朋友"上床，他们不会太在意这个床伴是不是和其他人也上床。但是一旦一个男人或一个女人坠入爱河并开始渴望和一位爱人产生情感上的联合，他们就开始热切地希望这个配偶在性方面对自己保持忠诚。

---

[1]　《爱经》是古印度一本关于性爱的经典书籍，相传由一位独身学者筏蹉衍那所作，时间大概介于 1 世纪至 6 世纪，很可能成书于印度文艺复兴的笈多王朝时期。——译注

世界上许多爱情故事都反映了这种性占有，同时也反映了恋人们希望保持他或她自己对性忠诚的愿望。举例来说，在《伊索尔德的故事》(*Iseult the Fair*)里，男主人公特里斯坦被迫与伊索尔德疏远，之后和另一个女子结了婚——绝大部分原因在于这个女子与他心爱之人同名。但特里斯坦终究没法让自己投身于这次婚姻。在阿拉伯传说《莱拉与马南》里，莱拉被迫与其他人订婚，她也极力抵制和丈夫圆房。在我的调查中，80%的男性和88%的女性都同意这个表述："恋爱的时候，在性方面保持忠贞是很重要的。"（附件问题42）

在浪漫爱情的所有特征之中，对我来说最有趣的就是这种性排他性。它的演化成形可能与两个基本原因有关：为了保障男性祖先们不要戴绿帽子而落得为他人养孩子；为了保障女性祖先们不要被对手夺去一位潜在的丈夫以及孩子他爹。这种性排他渴求使得我们的祖先们在把大部分时间和精力交付给心爱之人的同时，得以保护自己珍贵的DNA。

不过随同这种努力确保求偶期间双方性忠诚的冲动而来的，还有一种听上去不那么吸引人的特征，亦即莎士比亚所说的"绿眼怪兽"：嫉妒。

嫉妒："爱的护士"

在《宫廷式爱情艺术》中，安德烈亚斯·凯培拉涅斯写道："感觉不到嫉妒的人是没有能力去爱的。"他把嫉妒称为"爱的护士"，因相信它可以滋养浪漫之火。

这位具有深刻见解的教士，像通常一样，讲得很对。在人类学家进行过爱情研究的那些社会中，他们都报告说，不管男女，每种性别都会嫉妒，非常嫉妒。如来自 3000 年前的中国智慧典籍《易经》所警示的那样："三人行，则损一人。"

情感联结比性联结更重要

然而，对于情人们来说，性交的欲望和对性忠诚的渴望比起在情感上和对方融为一体的追求来说显得微不足道。痴情男女们期盼着心上人会打来电话并说出："我爱慕你。"期盼他们带着鲜花或其他礼物到来，邀请自己去看体育比赛或观赏戏剧，或大笑或拥抱，把注意力集中在自己身上。情人们渴望赢回对方的爱。这份对于情感交融的向往胜过了对于仅仅是性释放的向往。

我的调查中，75% 的男性和 83% 的女性同意这种表述："知道_____也爱着我，比和 ta 发生性关系对我来说更重要。"（附件问题 50）

身不由己、无法自控的爱

"瞧那一位比我强大的女神，走过来，自此以后她就将统治我，爱完全控制了我的灵魂。"13 世纪的诗人但丁（Dante Alighieri，

1265—1321，意大利人）如此描述第一次见到比阿特丽斯时的心情。他明白浪漫爱情那不可抵挡的支配力。事实上，这份困惑的核心也正是它的影响力所在：浪漫爱情是无法计划的、无意识的，且看起来无法自控。

多少恋人已感受过这种磁场的拉拽？

无数的，那简直是一定。

12 世纪的中国传说《碾玉观音》讲的是张白和美兰的故事，"他们越想遏制被唤醒的爱意，越觉得自己没有能力从它的力量中解脱"。同一世纪的法国，《亚瑟王传奇》（Chrétien de Troyes）中描写格尼维尔对兰斯洛特的感情："不管不顾，她被爱束缚。"

不过浪漫吸引力那难以抗拒的本质绝非仅仅限于文学想象，它可以被更深刻地解读。一位美国商业人士在 50 岁时迷恋上了自己的办公室同事，他如此描述道："我面对着一个重大命题，来自艾米莉的吸引是一种生物上的力量，类似本能行为，它并非出于自愿，也无法用逻辑来控制。它指挥着我。我绝望地与之争辩，遏制它的影响，想引开它，否认它，享受它，以及，该死的，赢得她的回应！即便我知道艾米莉和我完全没有机会一起生活，有关于她的念头就是无法摆脱。"

即便是坐怀不乱的美国国父乔治·华盛顿（George Washington，1732—1799），也深谙爱情的影响力。1795 年他曾写信给继外孙女，建议她小心谨慎，莫要让爱成为"无法自控的热情"。

当代的男男女女同样也会身陷与这种体验相伴的无助感。在我的调查中，60% 的男性和 70% 的女性同意如下表述："爱上并非我的选择，它只是击中了我。"（附件问题 49）

一种须臾状态

但即便爱乃是不请自来，它也能很快被偷走。在威尔第（Gi-useppe Verdi，1813—1901，意大利剧作家）的歌剧《茶花女》中，维奥莱塔唱道："让我们为欢乐而独自活着，既然爱，就像花儿一样，转瞬凋落。"

柏拉图洞悉爱神的这一面，他说："从天性而言，他既不会不朽也不会腐烂。有些时候，就在某天，他进入生命……然后死去，再然后……再一次起死回生。"爱是无常的、易变的、不守恒的，它可以期满终止，复燃，并再次熄灭。

爱的魔力将维持到几时？

没人知道。最近有一个神经科学家研究团队得出结论说，浪漫爱情一般只会持续 12~18 个月。就像你将会在本书第 3 章看到的那样，我们的大脑研究认为爱至少可以维持 17 个月。但我可以打赌爱的周期会戏剧般地波动，这完全取决于投身于其中的角色是谁。大多数人都体会过热恋般的激情只持续几天或几星期。但如你所知，当一段关系有障碍存在时，这火焰能熊熊燃烧好几年。逆境反倒刺激了浪漫灼烧。

但这种心中的火，等到情人们开始安定下来享受在一起的日常之趣时，便会有消减之势，它常会被大脑中一种更优雅的回路所取代：依恋——即那种安宁的、与心爱之人结合带来的感觉。

爱的许多形式

当然，浪漫之爱可以呈现为很多种形式。你会独自一个人午夜梦回，感到被抛弃和绝望。然后在清晨却收到情人的一通电话或一封电邮，希望重新开始暴涨。接下去和心爱的人约会就餐，谈笑风生，狂喜之情变作安全与平和。晚餐后你们一起爬到床上读读书，对彼此身体的欲念也充分释放。在第二个清晨，你心爱之人匆匆离去，忘了说一声再见，甚至解除了接下来的见面日期，或者把你叫作另一个名字——你又一次，跌入了低谷。

"狂追不舍为哪般？拼命逃离咋回事？笛鼓奏出啥音乐？心醉神迷怎解释？"（选自《希腊古瓶颂》，王道余译）约翰·济慈清楚浪漫爱情是各种不同动机、情绪混合交杂的骚动，形成了大脑中无数的状态。同情、着迷、渴望、恐惧、怀疑、嫉妒、犹豫、尴尬、窘迫，在任何时刻这种感觉的万花筒都可能发生变换，然后再次变换。

"激情犹如洪水与潮流。"沃尔特·雷利爵士（Sir Walter Raleigh，1552—1618，英国冒险家、作家、诗人）如是写道。我们在这些潮水中游弋，但是心理学家通常会将两种浪漫之爱的基本形态区分开来：有偿之爱——和满足感以及喜悦感相关；无偿之爱——与空虚、焦虑和懊悔相关。几乎我们每个人都知道爱的苦痛，也明白爱的欢欣。

我们并不孤独。在《人类和动物的表情》（*The Expression of the E-*

motion in Man and Animals）一书中，查尔斯·达尔文（Charles Robert Darwin，1809—1882，英国博物学家、演化论鼻祖）假设人类和"更低等的"动物们分享很多他们的感情。事实上，很多和我们一起生活在这个星球上的长着皮毛或羽毛的生物同样也能感受到那份浪漫激情。

第 2 章

吸引力：动物身上的爱

02

它们仍不觉疲倦，成对成对

行进于冰冷之中

在水面游弋或飞向天空

它们的心不曾老去

无论去往何方

激情和征服都不褪

——威廉·巴特勒·叶芝《柯尔的野天鹅》

在冬季的白雪皑皑中，一只雄狐狸开始盯着一只雌狐狸看，有目的地瞪着她，着魔般地尾随。她休息的时候他停了下来，跳上前去舔舐以及啃咬对方，而随着她慢跑开去，他又在她的身侧两旁嬉戏挑逗起来。雪地里，他的尿液中传出了一种特殊味道。这是交配的季节。随着这种麝香味在清冽寒冷中飘散，这一对狐狸卿卿我了两个星期之久。它们用气味标记领地，挖好几个洞穴，在那里养育后代。

狐狸会爱吗？

精力过剩，注意力全都集中在伴侣身上，顽强地追逐，以及给予对方的所有小心翼翼的舔舐和轻咬，都显然在暗示一种类似于人的浪漫爱情。在诸多会表现出浪漫特质的动物物种之中，狐狸正是其一。

在繁育季节和交配回合中，很多狐狸会选择特定的伴侣，然后把注意力集中在这位特殊个体身上，排斥周围其他所有异性。倾情投入地跟随着"他"或"她"，他们撞、亲、咬、拍、敲、舔、扯，或兴致勃勃地追着这个选定的个体。有些会跳舞，有些会炫耀，有些会嘶喊，有些会吱吱、呱呱或嗷嗷地叫。在非洲坦桑尼亚的草原上，在亚马孙的热带雨林中，在北极的冻土带，大大小小的生物都在它们求爱时表现出过剩的精力。逆境更增强了他们的追逐——就像人类的浪漫爱情会被障碍所激发增强一样。其中有很多形成了占有——妒意十足地守护在配偶旁边不让其他追求者靠近，直至繁育季节结束。

这些求偶特征都和人类的浪漫爱情有异曲同工之处。因此我想，动物是会爱的。大多数生物都会感受到这种（磁）吸引力，但只会持续几秒钟，有一些像是会保持几小时、几天或几个星期内被冲昏头脑。不过动物确实会对特殊的对象感到某种吸引。很多甚至一见钟情。我坚信人类的爱最终会从这种"动物吸引"中产生。

动物吸引

"这显然是一次一见钟情事件，因为她深情款款地在新来者旁边游着……带着亲昵爱慕劲儿。"查尔斯·达尔文如此描述一幕闹剧：一只母野鸭被一只公针尾鸭迷得神魂颠倒，而它俩其实属于不同的物种。看吧，我们都在犯错。

达尔文相信动物会感觉到彼此的吸引。他报告说，一只公乌鸦，一只母画眉鸟，一只黑松鸡，一只野鸡，以上这些，还有其他一些鸟，会"互相坠入爱河"。事实上，达尔文坚持认为高等一点的动物分享"相同的热情、情感和情绪，甚至更复杂的那些，像是嫉妒、怀疑、仿效、感激和宽容"，他们"甚至有幽默感，会感到惊奇和好奇"。

达尔文是少数秉持"动物之间有爱存在"这个观点的科学家之一。博物学家们经常描述其他动物身上的愤怒和恐惧。他们看到动物会嬉戏便认为这些野兽感到了欢乐。他们描述那些关于惊异、羞怯、好奇和恶心的表达。他们甚至还报道过一些动物中出现的同情和嫉妒。但绝大多数科学家仍然不会说动物会爱，即便他们关于动物求偶的描述充满了各种引用，提及的行为和人类的浪漫激情非常相似。

非洲大象是最好的例子。雌性非洲大象到了 13 岁，每年会有随机的连续 5 天处于发情期。如果在这期间怀孕了，那么她的性欲就会在接下来大约 4 年时间里都受到抑制，包括 22 个月的妊娠期和 2 年的看护期，大多数母象在这期间都不再交配。所以这些母象对于伴侣是有选择的，她们中意于一些，而摈弃了另外一些。而且她们有很多求爱者可供选择。雄性非洲大象在青春期（10～12岁）后不久就会离开以女性为家长的族群，和其他一些公象厮混在一起，结成"纯爷们"的联盟。直到 30 岁左右他们才会进入发情期，蠢蠢欲动。

发情期是性欲的一种戏剧性的广而告之。如果你认为穿着迷你短裙、短上衣和踩着高跟鞋的女性是在展示自己的性欲渴求，那么可以来看看公象们。随着一头公象来到发情期，位于两边眼睛和耳朵之间的腺体就会开始分泌一种黏性液体，他还会连续地排出尿液。他的生殖器厚厚地蒙上了一层白绿相间的沫。他还渗出了一种刺鼻的气味，母象们还没看到对方之前就已经能闻到。随着他趋近母象群，就会迈出一种求爱的步调来，即"发情步"。高高地仰着头，下巴收缩，耳朵紧张地摇摆，象牙竖起，他大踏步跨过时会发出一种自信的隆隆声。

母象们发现了所有这些分泌物，这种雄性香水，这种"发情步"中极度的吸引力。那些处于发情期的会凑上前来，就像少女们围着摇滚明星。其中有一只叫作提娅(Tia)。博物学家辛西娅·莫斯(Cynthia Moss)多年都追踪着提娅所在的母象群，在肯尼亚的安波塞利国家公园里，她见过许多像提娅一样选择配偶的母象。

发情期尚不明显之际，提娅对围在身边的年轻公象们没有任何兴趣。他们在草地上追逐她时，她会奋力逃跑。因为母象的体形大约只有公象的一半，有经验的那些能逃脱任何她想逃脱的公象。提娅就是这么干的，但是，当提娅见到了坏布尔(Bad Bull)，一只具有支配力的年长一些的公象，正处于鼎盛的发情期，她改变了她的大象思维。

在坏布尔趾高气昂地走进眼帘的那一刻，提娅就想要他——和那脸颊上流下来的液体、腿上往下淌的尿液和生殖器外鞘上冒出来的泡沫一起。这种象的味道扑鼻而来，年轻公象都避开了。提娅没有。她向上迎着坏布尔看去，用一种发情的姿态高高扬起她的耳朵。然后，她也开始动身离去。但不像对付其他追求者那样，这一次提娅会转头向肩后看过去，反复审视，为的是看看坏布尔是否跟随而来。他确实在跟着。提娅开始撒丫子跑了，和坏布尔开始了追逐游戏。

现在，自然界最永恒的舞蹈就要开始。随着坏布尔追上了提娅，他那几乎有四英尺（约1.22米）长的阴茎从长长的灰色鞘中勃起。然后他小心翼翼地把象牙放在她背上。她停了下来，安静地站着，然后向着他回过来，绷紧支撑住自己的身子，动也不动，两腿分开。他骑上去，利用灵活的阴茎肌肉来引导推插，将自己的性器没入她的阴户。它们如胶似漆在一起持续了大约45秒钟，直至坏布尔翻身下来。撤出来之后，他把剩下的精液射入了尘土。提娅转身站在他背后。她反复发出悠长的低沉的辘辘声，然后把头放在他的肩上蹭。

提娅和坏布尔在接下来的三天里都没有分开，在一次次交配中时常彼此拍打轻抚，但随着提娅的发情期结束，坏布尔就离开了，去寻找下一头待生育的雌象。莫斯在她了不起的书《大象记忆》（*Elephant Memories*）中写道："就个人而言，我很难想象为什么提娅想要和坏布尔交配，但可能她在他身上看到了我看不到的东西。"

这是爱吗？或一次仓促的交配？或一场迷恋？提娅和坏布尔几乎把自己所有的注意力都倾注到了对方身上。双方都表现出了旺盛精力。几乎不吃也不睡。他们互相抚摸，用低沉、柔软、悠长的辘辘声交谈着象语。提娅似乎从这头骄傲、健康、雄壮的公象身上感到了一种真诚的，又或是短暂的吸引力。

河狸的爱情生活更加难以观察到。但这些生物的求偶和交配也显示出了强烈的吸引信号。以斯基普（Skipper）为例，斯基普在位于纽约的哈里曼国家公园的睡莲池中长大，一直处于父亲"督查将军"（Inspector General）和母亲"莉莉"（Lily）的指导下。

河狸都是以小家庭组合的方式生活的。它们在夜里工作和嬉闹。在某个春夜摇摇摆摆地离家出走找配偶自行组建家庭之前，小河狸们会和父母在一起待上个 2 年。斯基普正是这样做的。他在一个月光洒满大地的 4 月的晚上，和姐妹劳尔（Laurel）一起出走了。在河狸中，近亲繁育是很常见的。那个晚上这两兄妹搬到了一个附近的山谷里，开始建筑水坝和围筑水塘。很快水开始上涨了。昆虫们开始孵卵，把青蛙、朱缘蜡翅鸟和王鸟都吸引来了。鱼开始产卵，对于饥饿的鹧鹕来说正是午餐的钟声。柳树、桤木和黄色的鸢尾花沿着河岸遍地生长。斯基普和劳尔在此安顿了下来。但不幸的是，有一天晚上劳尔去山谷中的枫树、橡树和针叶树的树林中觅食的时候没有回来，她死在了附近的一条小路上。

接下来第二天晚上斯基普回到了睡莲池的老家。整个夏天他都在帮父母加固水坝，疏通水道，搜集睡莲的残枝，还和新出生的弟妹们玩耍，新的小河狸分别叫作哈科尔贝蕾（Huckleberry）和巴特卡普（Buttercup）。但随着树上的叶子开始发红变黄，斯基普再一次离开了，回到原来那已经废弃的池塘。他一丝不苟地重新修葺了废弃的水坝，有条不紊地把泥土推到了岸上，把它们布置成金字塔一样，然后用肛腺中的芳香油，生殖器口里的河狸香把这些小丘都抹了一遍。这是些气味广告，他在以河狸的方式期盼着，能够引来一位"妻子"。

自然会完成她的工作。几个晚上之后，博物学家霍普·赖登（Hope Ryden）在月光下看到了斯基普。他从水面中蹦出来——身后跟着一只小小的棕色母河狸。他们一起碰着鼻子，然后一起在周围游来游去，搜集小棍子把堤岸填满。像大多数河狸一样，斯基普和他这位黄褐色的少女在长夜将尽时以身相许，然后结成终身伴侣——在她进入发情期的几个月前。

他们是"在恋爱"吗？在《睡莲池》(Lily Pond)这本书中，赖登写道："河狸的结对是基于一种吸引，既神秘又不可抗拒，和任何一种想要交合的瞬时欲望无关。"他这番评论很重要：对河狸而言，吸引和依恋的感觉与性的感觉非常不同。

一个4月的晚上，无论如何，这一对完成了他们的河狸式婚礼。斯基普和他的小女伴从月光下的池塘中用牙咬着同一条木棍子浮上来。他们翻来滚去，如此情趣盎然，在赖登看起来简直是一场前戏。他们一起跳水，一起玩水，一起用悦耳的、几乎像人一样的叫声交谈。他们是不可分的，而且他们肯定是在水下交配过了——8月初斯基普的小伴侣生了两只胖胖的小家伙。

和大象一样，这些河狸在求偶的时候会耗费极大的精力。同样的，他们也会把所有这些求偶努力集中在一位"特殊的"对方身上。斯基普和他的小伴侣深情款款地依偎并温柔有加地调情嬉戏，于是我敢说这是"爱"的方式。

"欣喜若狂"

对动物之间发生互相吸引的描述有那么多，没可能把它们一一叙述出来。我读过几百种谈到不同物种身上的爱情的有关文字，在每一种动物社会里，求偶的雄性和雌性都显示出了一些特征，这些特征也是人类浪漫之爱中的核心组成部分。

首先，它们都表现出了一种狂野的能量爆发。美洲貂鼠的雄性和雌性会疯狂地追逐彼此、闪躲、跳转、嬉戏，看起来像一曲合唱，黄鼬互相追逐得如此精力过剩状，以至于博物学家们都把这个称作"玩耍战争"。在配偶"可能是欢快地绕着他蹦跳"时，雄性会猛冲进场地"发出激动的连声嘶叫"。事实上，在他们完成了交配之后很久，雄性已经进入了沉睡状态，雌性仍然会围绕在她的配偶身边跳。交配时的麝猫也会有力地你追我赶。交配的獴会一边用爪子挠地一边发出咕咕的叫声。当一只发情期的雌老鼠嗅到了一只求偶的雄老鼠，她会跳起来冲过去又跳起来，摆着她的耳朵从肩膀上往回看，做出个姿势，只能解释为"朝这边来"的意思。

大型动物也会在交配期精力勃发。一旦一只雌性的"普通"黑猩猩进入发情期，雄性就会聚拢过来围绕着她。一只求偶的雄性将"表现出"精力旺盛的样子，后腿站起，阴茎竖立，向着她大步走过来，重重地踏在地面上，左右摇晃，两个前爪晃动，眼睛死死盯着他看中的这只雌性。北美洲灰熊不论雌雄，都保持着高度同步性，在一定距离上来回摆动他们笨重的身体。鬣狗彼此绕着转圈圈，发出像"爆笑"一样的激动声响。一种须鲸会从海浪中跃起，让胸鳍露出水面，然后又猛扎回去四处乱窜，上上下下。但也许最撩人的有关描述来自马尔科姆·潘宁（Malcolm Penny），他讲到了黑犀牛。公黑犀牛会围着发情的母黑犀牛，用他们那僵硬的腿欢蹦乱跳，嗅啊，尿尿啊，甩尾巴啊，用角冲撞周围的灌木，把枝梗撒向空中，走到某个地方——"看，"潘宁形容道，"全世界都觉得他好像在跳舞。"

曾有人言："只有一座山才能活得足够长久，去客观地聆听狼嚎。"那是因为，无论如何，如今我们已经可以客观地讲述更多关于狼的事实。这种不可思议的生物身上的一个显著特征就是，像人类一样，雄性和雌性会结对抚养他们的幼仔。他们的求偶是强烈的。就像乔治·拉布（George Rabb）描述的那样："雄性开始绕着雌性跳舞，像狗一样把他的前腿放低下来，并且摇着他的尾巴。"

　　甚至两栖动物和鱼类在求爱期间也会兴致勃勃地跳舞。雄性陆生蛙会跳一种足尖舞，在一只雌性前面跳上跳下来展示自己。达尔文写道，当一只求偶期的雄性棘鱼看见了一只雌性，他会"从各个方向飞射向她……高兴得像疯了似的"。高兴得像疯了似的，这对于人类中陷入爱河的男女来说也是一样的。

神　经　质

　　动物中的追求者们也会紧张兮兮和坐立不安，如果说十来岁的人类少年会为了约会而焦虑，那么大草原上的狒狒同样如此——灵长类动物学家巴布·斯马茨（Barb Smuts）证实了这一点。斯马茨曾在肯尼亚草原上跟随这些生物长达数年之久，观察它们每天的行踪。她描述了一段感人的求爱，发生在塔利亚（Thalia）和亚历山大（Alexander）之间。

　　这一切都发生在塔利亚——一只青春期母狒狒——刚进入发情期的时候。数月来她都躲着亚历山大——另一只青春期公狒狒，后者刚刚加入这个草原狒狒群，也就几个月时间而已。但是在这个傍晚，塔利亚和亚历山大并排坐在悬崖上不到 2 米远的地方，狒狒群经常在此休息。斯马茨观察到如下一些场景：

亚历山大面朝西方，他尖尖的鼻嘴对着落日，看着群里的其他狒狒在悬崖上走着。塔利亚则像往常一样在给自己理毛，但心不在焉的。每隔几秒钟她就会用眼角瞟一眼亚历山大，但并不转头。这种注视的时间也越来越长，随着她越来越没有头绪的梳理，直到后来，就索性长时间地盯着亚历山大的侧面看了。亚历山大也突然回过头来正面对着她。她低下了头，有目的地看着自己的脚。亚历山大看着她，然后走开了。塔利亚偷偷地朝他那个方向又看了一眼，但是随着他再次往她这边看过来，她又恢复了盯着自己脚的动作……这一伪装持续着……然后，亚历山大没有再看她，径自缓缓走了过来……塔利亚呆住了，就在一瞬间她看到了亚历山大的眼神。然后，随着他开始接近她，她站住了，把自己的臀部朝向他，并且从肩头往回看，略微有些紧张地瞪着。

他们在一起待到了黎明。

自然界的许多求爱都伴随着不安。在观察一对反嘴鹬的过程中，尼古拉斯·廷贝亨（Nikolaas Tinbergen，1907—1988，荷兰生态学者和鸟类学者）写道："雄鸟和雌鸟都站着，整理它们的羽毛，但非常草率、神经兮兮。"长颈鹿，世界上最优雅的动物之一，当它们发情时会"焦躁地四处走动"。博物学家乔治·沙勒（George Schaller）描绘那些丛林里面的王后："一只母狮子在内心是强烈不安的，不断改变着她的站位，拘谨地蹭着公狮子。"

茶饭不思

很多动物在求偶时节都会胃口欠佳——是的，这也是人类浪漫爱情中的特征之一。举例来说，当一位情欲爆满的公象发现了正处于发情高峰期的母象时，就几乎会完全置食物于不顾，而把注意力都集中到交配以及守护他的战利品不被其他公象得手上。一头交配期的公北象会逐渐变得如此之瘦之疲惫，乃至于怒气都放光了。他必须得回到光棍一族之后才能重新恢复过来——吃睡上好几个月。

求偶期的北象海豹会掉几乎一半的体重。随着为期三个月的交配季节到来，公北象海豹出现在了加利福尼亚海岸一线，争相宣布自己拥有对海滨的使用权。他们凶狠狠地互斗以捍卫这个声明，有时候海岸线的浪花上都被血染红了。哪来这么多愤怒呢？这是因为雌性马上要来生小崽了，之后会马上进入下一轮发情期。那些占据了最好地盘的公北象海豹将有可能得到和最多雌性交配的机会。因此他们甚至舍不得离开自己的版图哪怕一小时。食物、睡觉，这些最基本的需求也失去了吸引力。

大猩猩也会丧失他们贪吃的癖好。我们这些橘红色的、走路摇摇晃晃的亲戚们居住在马来西亚和印尼交界的婆罗洲地区和印尼苏门答腊地区的热带树林上，离地面约 18.3 米高。当一只雄性脸颊上长出了引人注目的包囊宣告着性成熟之际，他就要开始在一大块满是水果树的领土上做记号并摆出保卫家园的架势来了，几位雌性会在他的领土范围内建起小一些的房子。每天早晨雄大猩猩会用一阵阵咕哝声紧接着低沉的吼叫来把邻居们吵醒，昭告他的行踪和性能力。当其中一只雌性进入发情期，他就开始在树杈枝叶间跟着她，黏住不放。雌性仅仅能维持大约 5 年的生育能力，而一旦她在某一次交配中怀孕了，接下来 7 年都不会重返发情期。因此雄性必须在她还热乎的时候紧跟不舍，和竞争者斗得你死我活。让这个情况更糟的是，雄性大猩猩体形是雌性大猩猩的 2 倍，他们行动起来更慢也吃得更多，于是导致一位求偶者为了跟上他那灵巧的小女伴而不得不忽略进食。

这些高难度的要求对于斯娄帕却（Throupouch）来说却不成问题，这是一只生活在印度尼西亚丹戎普廷保护区的大猩猩。20 世纪 70 年代的时候，灵长类学家比鲁捷·高尔迪卡（Birute Galdikas）曾来到此处研究这些橘色的野兽们。TP，她如是称呼斯娄帕却，大约已届中年，脾气不好，容易暴躁，长着小而圆的眼睛，体形巨大。"就大猩猩的标准来说，不管怎样，"高尔迪卡写道，"TP 可能称得上是一个绝对英俊的家伙。"她接下来解释道："TP 心仪的对象是普里西拉（Priscilla）。当我见到他俩在一起的时候，她比我能想得起来的其他雌性大猩猩都要邋遢，我简直觉得 TP 该找个更好看一点的。但从 TP 追求她的方式来看，她对他还是有相当大的性吸引力。TP 被她给弄晕了，眼睛都不能离开她，他甚至都不去想吃的事儿了，如此为她那勉勉强强的魅力所迷醉。"不过据高尔迪卡报道，即便在 TP 有足够的时间来吃东西的情况下，他也还是遵守了绅士风范的：女士优先。

求偶期的公狮子甚至会把自己能获得的那一点点食物都留给

母狮子。乔治·沙勒对此有一段迷人的描述。公狮子发现了附近水坑里有一只瞪羚，所以他暂时中断了一下求偶活动转而跑去捕猎。然后他叼着这只美味的礼物来到母狮子面前，坐在一侧看着她整个儿地吃下去，"叫人动容和引人注意的事实是，其实他自己很饿。"

我猜想是大脑中因两性吸引产生的化学力量盖过了他想吃东西的需求。

坚持不懈

动物也是很顽强的。它们中的大多数在一生中只有少许机会去战胜对手，求偶成功并繁育后代，由此它们才存留下来。

一只雄性长颈鹿数小时尾随一只雌性长颈鹿直至对方被他的爱慕打动。母狮子对着公狮子咕噜咕噜叫，充满意味地于他面前在地上打滚，害羞地拍打他，接着怒气冲冲地离开，拒绝他的抚摸，只有耐性很好的求爱者才能最终骑上这只"大猫"。公老虎也一样有韧性，他从不把眼光从配偶身上移开，"哪怕她尾巴最轻微地摇曳了一下都会引起他的注意"。可能看起来最有趣的求爱者是雄地鼠，他会温柔地追逐一只发情期的雌地鼠，蹦蹦跳跳地在她后头追赶，把鼻子压在她屁股上。

达尔文也曾记录下蝴蝶身上的这种专心致志。"它们的求爱显得不像只是一次露水之欢，"他写道，"因为我经常观察到一只或很多只雄性蝴蝶绕着一只雌性蝴蝶翻飞，直到我都看得累了，还没看到这次求爱行动结束的征兆。"

这种在很多生物——从蝴蝶到犀牛——身上能见到的坚韧品质，是人类浪漫爱情的标记。

热　爱

大多数求爱的动物也显示出了一种深情款款的迹象，这是人类浪漫之爱中最动人的部分。

写一对求偶期的狐狸时，生物学家拉尔斯·维尔松（Lars Wilsson）说："白天它们睡觉时紧密地蜷在一起，晚上它们不时要去寻找对方互相理毛，或者仅仅是挨着坐在身旁，用特殊的交流声音'讲讲话'，语气和微妙氛围看起来就像人类在表达亲密和热爱，不能更像了。"

公灰熊依偎在母灰熊的身侧，在她耳畔用鼻音哼哼，嗥叫着求接受合体。一只雄长颈鹿把头沿着雌性的脖子和躯干蹭。母老虎掐着她的配偶，优雅地咬咬他的脖子和脸，并用身体轻轻地擦着他。一堆鼠海豚一起游着，一会儿"他"在上，一会儿"她"在上，但是不管它们碰、擦、吻还是和对方"说话"，都始终串在一起。黑猩猩会拥抱、轻拍对方，并亲吻对方的大腿和腹部，它们甚至还会来一个"法式长吻"，把自己的舌头插入配偶的嘴巴里面去。蝙蝠会用丝绒般的皮膜翅拍打对方。即便是身材矮小的雄螳螂也会用自己的触角去碰碰配偶的触角。

小狗的爱

在那本独具开创性的书《狗的秘密生活》(*The Hidden Life of Dogs*) 中，伊丽莎白·马歇尔·托马斯 (Elizabeth Marshall Thomas) 认为狗和狗之间表现出了强烈的浪漫激情。在把米沙 (Misha) 介绍给玛利亚 (Maria) 之后，她得出了这个结论。米沙是别人家的一条英俊的西伯利亚长毛狗，玛利亚是她女儿养的一条年轻漂亮的同一品种母狗。托马斯女士在米沙的主人去往欧洲旅行的时候，答应帮他们看养它一段时间。

那天，米沙的主人把这只精力充沛的公狗带到了托马斯家里。米沙蹦蹦跳跳到房间里四处逡巡，并立刻把他的双眼牢牢盯在了这位漂亮的玛利亚身上。顷刻间他就蹿到了她的脚边并且刹住。也就是在一瞬间，托马斯写道，玛利亚"屈身下来发出玩耍的邀请。追我，她的姿态表达了这一点。他也心领神会。很快地，轻巧地，这两只快活的小动物在房间里团团转。米沙和玛利亚如此醉心于对方以至于目中再无他物。米沙甚至都没有注意到他的主人是啥时候离开的"。

这两只欢天喜地的狗迅速地密不可分了。它们一起睡，一起到处闲逛，还一起生了四只活蹦乱跳的小狗，一起抚养它们——直到有天晚上米沙的主人把他送到了乡下去了。玛利亚几个星期都坐在托马斯家的窗台上，那儿是她眼睁睁地看着心爱的米沙被抓到一辆小车上去的地方。她日渐消瘦。最终她放弃了等他回来的努力。但是"玛利亚也从此没能从她的失落中恢复过来"，托马斯写道："她失去了她的光彩……对和另一位雄性建立长久的结合也失去了兴趣，即便，这些年来，其他很合适的雄性也曾加入我们家。"

动物是有选择性的

精力过剩，把注意力都集中在一个特定个体身上，动机都出于去追求这位"特殊的"伴侣，茶饭不思，坚持不懈，敏感的抚摸、亲吻、舔舐、拥抱，以及卖弄风情的戏耍，这些都是人类浪漫爱情的突出特征，随便你怎么称呼它，很多动物也会显示出彼此之间的吸引。

但动物也是有选择性的。

在其他动物也表现出的类似人类浪漫之爱的所有特征里，可能没有其他任何一条像这种有选择性那么明显。就像你我不会因为谁向你递了个眼神就急着和他或她上床一样，这个星球上的其他生物也不会不加选择地在交配上浪费宝贵的时间和精力。它们拒绝一些，接受另一些。

以非洲的锤头蝙蝠为例。在整个干旱季节里，雄性都会聚集在一个"求偶场"中，这是位于非洲加蓬伊温多河那草木丛生的河岸的一个特定交配区。雄性在黄昏到来，支起暂时性的晚间驻营地。一旦落脚，他们就开始大声地、充满金属质感地、低沉地鸣叫，他们煽动着半开半合的翅膀，频率比唱歌的节拍要高一倍。

这么做的重点在于：让自己被注意到。很快，雌性也到来了，开始在雄性中间游弋，一边盘旋一边一个接一个地审察。当一只雌蝙蝠检视一只雄蝙蝠的时候，后者会更加卖力地加强表演，随着发出加快的嘤嘤声而狂野地拍动翅膀。在这些刺耳的叫声之中，每只雌蝙蝠最终都会做出自己的抉择，在一只特别的异性旁边停下来，然后交配。

灵长类动物学家珍妮·古道尔（Jane Goodall）研究坦桑尼亚地区那些"普通的"大猩猩长达40年，其中弗洛（Flo）是最为著名的一只。1983年弗洛进入了发情期，到哪里都会被许多14岁以上的成年雄性尾随，其中多名甚至愿意径直潜入古道尔的露营地以便接近这位招大家伙儿喜欢的交配对象。菲菲（Fifi），弗洛的女儿，也和她妈一样被众星捧月——比她的闺蜜波姆（Pom）要多很多追求者。可见黑猩猩自有中意的对象。

有人倾向于把这些发生在动物间的吸引纯粹归结于荷尔蒙周期，说是由于生理排卵期使得雄性更愿选择某雌性而非另一位。但是古道尔这位著名的科学家不同意该观点，她写道："伴侣偏好独立于荷尔蒙的影响，对于黑猩猩来说明显是有着重要意义的。"事实上，她相信很多灵长类的雄性"对特定的雌性显示了清晰的偏好，这可能是和生理周期无关的"。动物行为学家弗兰克·比奇（Franck Beach）在1976年观察到相同的现象，他写道："交配有没有成功，很大程度上依赖于雌性的喜欢或厌恶，比有没有性荷尔蒙的参与要重要得多。"

因为雄性会喜欢某些特定的雌性，不管不顾她们的性生理状况，雌性也会不管不顾某位特殊对象的等级地位而独予青睐，正如达尔文几百年前所言。在《人类的由来》（The Descent of Man）中他写道，即便是在那些非常具有攻击性的物种中，交配期的雌性也并不只为最强壮、最有野心甚至最常旗开得胜的异性所吸引。相反，"更有可能的是雌性为特定的雄性而兴奋，不管是打斗前还是打斗后，并且下意识地更喜欢他"。

狮子、狒狒、狼、蝙蝠，甚至可能还有蝴蝶都会对求爱者进行区别对待，小心翼翼地避免和其中一些交配，却锲而不舍地把精力放在另一些身上。

显然，不同的物种会倾向于选择不同类型的伴侣。很多物种（包括人类）的雌性常会被等级高的雄性所吸引。一些愿意选择那些拥有最好资产的；一些想要雄性来护卫自己或帮助自己养育幼儿；一些希望雄性拥有最为对称的尾巴羽毛或最红的脸。此外，雄性则经常对雌性的年龄很敏感，同时也包括她的健康状况、个头和体形。但就像古道尔描述灵长类时所说，"个性"的意义相当重大。

所有动物都是有选择性的。事实上，偏嗜在自然之中是如此普遍，以至于经常可以在动物文学中看到一些描述它的词汇，包括"交配偏好""选择性感知""个体偏好""偏爱""性选择"以及"交配选择"。

尽管挑剔，但大多数动物还是会快速地表达自己的喜欢。

一见钟情

"从开始看见他的那一眼，她就倾慕他。想的就只有怎么待在他左右，把一腔爱意托付于他，跟随他去每个地方。他只需轻轻唤一声，她就会回到他身边。"这只名叫维奥莱特（Violet）的哈巴狗，和伊丽莎白·马歇尔·托马斯一起住在马萨诸塞州的剑桥，她爱上了另一只叫作宾戈（Bingo）的哈巴狗。

维奥莱特在第一次见面的时候就显示出"一见钟情征"。

她的这种行为，在自然界还是很普遍的——有个重要的原因：大多数的雌性生物在成熟后都有一个生育季或生理周期。她们仅仅只有几分钟、几小时、几天或几个星期的时间用来生育、受孕，传播她们的基因。她们没办法花几个月的时间去审视每个求爱者的简历。此外，求爱也有可能是充满危机的。性交会把个体置于易受伤害的境地：掠食者和竞争者也许会趁机袭击。同样重要的还有，交配会消耗时间和能量。所以即时吸引能够让许多物种的雄性和雌性把重心放在一个特定对象身上，并快速地开始生育过程。

也许我们人类继承了这种现象——因为在男人和女人中，一见钟情都非常普遍。在最近一次涉及 100 对美国伴侣的调查中，其中 11% 的伴侣在遇见的那一刻就爱上了对方。而 20 世纪 60 年代完成的一次有 679 人参与的调查中，大约 30% 的参与者报告说他们最初都只不过瞥了一眼就爱上了。

这种瞬间来临的吸引也发生在了美国总统托马斯·杰斐逊（Thomas Jefferson，1743—1826）身上。历史学家福恩·布罗迪（Fawn Brodie）写道："杰斐逊有没有被事先告知关于玛丽亚·科斯韦（Maria Cosway）的情况，这其实无关紧要，但那个下午如果说有人掉进了爱河里了，那就是他啦。"相似情况发生在同时代另一位女士身上，她住在巴西东北地区一个叫卡鲁阿鲁的小镇，此人如此向一位人类学家吐露衷肠："我从来没见过这个男人。当我们见到彼此，我不知道到底发生了什么，是不是一见钟情或其他什么的，一个星期后我就和他私奔了。"还有一位住在南半球海域芒艾亚岛的女人也表达过同样的感觉："当我见到这个男人，我希望他能成为我的丈夫，这很让人吃惊，因为我从前没见过他。"她和他结了婚。几年后她回想了这次经历，说这次遇见是"天作之合"。

一见钟情就是自然的作品。

一嗅钟情？

有人问我为什么一些人的气味可以触发瞬间的吸引？显然很多动物都会突然地被特定配偶的气味所吸引。但我猜测一嗅钟情经常发生在人类身上——出于一个演化原因。

我们灵长类的祖先曾在高树上生活了至少三千万年。为了防止从树上掉下来，也为了挑选出成熟的果子，他们需要敏锐的视觉——比敏锐的嗅觉更重要。因此，猴子和猿相对而言在嗅觉上的能力受到了压抑，大脑中大片区域被投入到了捕捉视觉刺激的活动中，而人类继承了这些技能。这些视觉网络被极好地和其他感官联系起来，也与人的其他思维和感觉联系起来。事实上，作为灵长类，我们所获得的关于这个周遭世界的知识中 80% 来自于视觉。所以不用惊讶为何那么多网恋会见光死。视觉刺激对于浪漫爱情来说至关重要。

因此我怀疑许多人是在派对上闻到了求爱者的气味而爱上的。不过我的确认为当一对伴侣变得熟悉——并且彼此珍爱——他或她的气味可以成为一种催情药。要知道一些女性喜欢睡在心上人的 T 恤上，因为喜欢它的"香味"，这可谓例证，而西方文学中充斥着男性被心上人的手绢或手套的气味所吸引的桥段。

但，不管是什么触发了吸引，这种磁力可以是瞬间发生的。当人类或其他生物在心理和生理上都做好了准备，与此同时，一位相对来说合适的伴侣出现在了他们面前，则一个小小的变化都能引发吸引。

然后大部分动物都对得到的奖品产生了大大的占有欲。

占　　有

"你——还有你的灵魂——求求你请一起给我，别一点点地给，不然我会死掉。"济慈想要占有他心上人的每一个片段。很多其他生物也持有他的这种观念。某些鸟类和哺乳动物毕生都在为了独一无二地占有一个爱人而战斗。

举例来说，在 6 月的交配季节中，公灰熊会和一只母灰熊数天或数周地待在一起，虽然他在看到了其他的交配机会之后也会弃之而去。博物学家托马斯·麦克纳米（Thomas McNamee）在黄石公园观察了一只老灰熊一段时间后，写道："在一个满是树叶和树枝的巢穴中有着他们的床，'他'会躺在那里用保护和占有的姿势把爪子绕在'她'的肩膀上。当其他的灰熊走近时……呼噜呼噜的警告就会响起，让任何一个潜在竞争者离开。"

一个不怎么让人愉快的例子是动物学家大卫·巴拉什（David Barash）在山地蓝鸟身上观察到的。进入交配季节，一只雄性山地蓝鸟和一只雌性山地蓝鸟建造了一个他们的巢穴并住了进去。趁雄鸟外出觅食，巴拉什在巢穴边的一根枝条上放了一只填充物做的雄性山地蓝鸟模型。闹剧接下来就上演了，当"丈夫"回来时，看到了闯入者，就开始凶残地反复进攻这个仿制品，继而转向自己的配偶恶狠狠地攻击她，把她的羽毛都拉扯出来了两根。她只好逃走了。这只雄鸟很快就和一只新的雌鸟一起出双入对并与之养了一窝小鸟。

一边是占有欲让一些生灵发动暴力，一边是嫉妒让其他生灵陷入抑郁。还记得维奥莱特，那只爱上了宾戈的小哈巴狗吗？维奥莱特十分溺爱她的丈夫，他们成了伴侣。"像两个结过婚的人，他们有私人安排，"伊丽莎白·马歇尔·托马斯写道，"甚至有他们自己的睡觉方式。"但是维奥莱特的麻烦随着另外一只年轻貌美的哈士奇玛利亚（Maria）出现在托马斯的房子里就开始了。托马斯描述了维奥莱特的嫉妒："玛利亚让维奥莱特最为烦恼的一点是，宾戈是如此地喜欢'她'，以至于忽视了维奥莱特。宾戈每天都花时间在玛利亚身上，想要征服‘她’，鞍前马后地对着‘她’炫耀讨好，耳朵低垂，他表现得十分温柔，尾巴也摇个不停。维奥莱特常常想阻止他。”很不幸，最后维奥莱特只能“败下阵来远远地躲在角落里坐下来，变乖了，一蹶不振”。

我们的近亲，“普通”黑猩猩和波诺波猿，也是具有高度占有欲的——即便它们的天性是乱交的。在发情期，一只雌性经常会去造访一只雄性，然后另一只，有些时候一天里会和一打求爱者交配。大多数都安静地等待自己的次序，但有一些雄性黑猩猩会变得想要独占雌性。随着热情高涨，他们会试图和一个特殊的雌性建立起排他的伴侣关系。

这样的案例有撒旦（Satan），住在坦桑尼亚贡比鸟兽保留区的一只黑猩猩。珍妮·古道尔描写过撒旦和米蒂（Miff）的交往。米蒂恰好发情了，所有雄性都知道了这一点。每天早上，她都会在喧闹中从一个雄性去到另一个雄性身边，把臀部露出来和他们交配。但随着天色渐亮，雄性会一个个走开到灌木中去进食或排泄。撒旦则一直等到最后一位倾慕者也离开了，随着米蒂振奋起来开始跟着他们往外走，他跳到了她身前并且随意地朝着另一个方向走，还不停地从肩膀往后看她有没有跟着自己，而她确实在跟着。

过了半小时，米蒂听到了其他雄性在林子里叫。她朝着声音来的方向看了片刻，然后又直直看着撒旦，他正不耐烦地拿树枝干扰她。她停了下来，好像在衡量自己的选择。然后她跟着撒旦跨过了一座桥去往附近的山谷——远远地离开了其他雄性。

发情季中，一只雌性往往是会跟着所有的雄性的。但如果被某一位倾慕者所吸引，那么，她就会和这位"特定的"个体结伴去往家的外围，和他在一起待上 3 天乃至 3 个月。古道尔把这种暂时的伴侣关系叫作"去游猎"。

交配监护

因为占有在自然中是如此常见，动物行为学家会给它一个特定的称谓：交配监护。他们把这种爱好视作性排他，作为很多物种的一个原始交配特质。一般来说，都是雄性监护雌性——除了螳螂，除了因雌性致残的那些。这当中有明确的演化原因。如果一个雄性能够在雌性的排卵期期间将她隔绝起来，她就能怀上他的后代并将他的基因传下去。

成双结对来抚养后代的物种中，雄性的占有行为还另有一个达尔文主义动机。他们花费极其重要的时间和精力来筑巢、保护雌性、勇斗入侵者甚至养育后代（他们要不是携带了自己的基因才不干呢），以上付出可不好随随便便被取代了的。如果他的"女人"向其他雄性投怀送抱，他就将承担"戴绿帽"的风险。因此在一夫一妻制的物种之中，雄性在求偶和婚姻中容易对入侵者极度敏感。一些公猴会咬母猴的脖子，如果她游荡到外头去，公猴会用暴力手段看守着她。很多物种的雄性在别的雄性入侵疆域时会愤怒地反抗。

参与我的调查的男性和女性（第 1 章中讨论过）也表现出了这种交配监护的倾向，特别是男性。男性比女性更为不同意以下这个陈述：和＿＿＿＿几天不联系挺好的，这样会重新形成一些期盼。（附件问题 4）原因可能在于女性普遍而言有着更多的朋友，更多的外界联系，更多的家庭纽带，更多的爱情关系之外的责任。但男性也可能是受到了想要监护这个会孕育其种子的容器的潜意识驱动所致。

这么做理由充分。最近对美国人做的一个调查中，60% 的男性和 53% 的女性承认"偷腥"，他们试图去追求其他爱人获得新的承诺。事实上，有一个在 30 种文化中展开的调查曾充分展示了在这个世界上偷情有多么普遍。所以像山地蓝鸟一样，人类不乏占有欲。

而那些跟踪尾随、情杀之类的行为也很有可能是从动物的这种监护倾向发展而来。

一场不正经的求婚

所有这些数据告诉我们，动物不论大小，都受生物性驱动去选择、追求和占有特定的交配对象：动物吸引有化学机制的作用，而这种化学作用一定是人类浪漫爱情的先行。

但是什么样的大脑化学被涉及了呢？

哺乳动物大脑中两种紧密相连的天然刺激物显示出在其中扮演了某种角色：多巴胺和去甲肾上腺素。所有的鸟类和哺乳动物都天生具有形式相似的多巴胺和去甲肾上腺素，在大脑中有着相似的结构用来制造和对这些天然"高级建筑"做出反应——虽然这些大脑结构和回路在不同的物种身上是不同的。

更重要的是，多巴胺和去甲肾上腺素在鸟类和哺乳动物的性唤起和提高动机中至关重要。举例来说，雌性实验室大鼠通过跳和跑来表达自己的爱意高涨，这两种行为都和多巴胺水平的升高有关，而在草原鼠这种非常像田鼠的小生物身上，大脑中多巴胺水平的升高直接和对一位特定交配对象的喜爱有关。

来看看草原鼠，这小动物住在中美洲草原上由隧道和地洞组成的迷宫里，它们结伴生活以共同抚养后代。青春期后不久雄性就会离开家去找配偶。当"他"看到了一个喜欢的"她"，就会很明显地上前求爱。用鼻子嗅、用舌头舔、头脸紧挨摩擦、骑上去，一对鼠在大约两天的时间里会交配超过 50 次。性爱马拉松之后，雄性就开始表现得像一位新丈夫那样了，为他们即将诞生的孩子造一个巢，气势汹汹地守护着自己的伴侣不让其他的对手得逞，守卫着彼此的家。大约有 90% 的草原鼠终其一生都与一位伴侣相伴度过。

不过研究显示，草原鼠是有选择性的。科学家把一只发情期的雌鼠和一只雄鼠放在一起。随着雌鼠和这位追求者进行了交配之后，她开始对他形成了特殊的喜爱，伴随着这种喜爱而来的是伏隔核中多巴胺水平升高了 50%，伏隔核在人类的大脑中和渴求及成瘾有关。

同样的，当科学家把一种能够降低多巴胺水平的物质注射到雌鼠大脑的特殊区域中后，她不再对这位伴侣感到异于其他雄鼠的喜爱；而当雌鼠被注射了提高多巴胺水平的化合物后，她开始对在注射时出现在自己面前的雄鼠显示出特别的喜爱——即便她从来没有与之交配过。

多巴胺看起来在动物吸引中扮演了关键角色。

去甲肾上腺素也可能增益了这种吸引力。当科学家把一滴雄鼠的尿液滴到雌鼠的上嘴唇时，其大脑中的去甲肾上腺素就会升高。这促进了雌激素的分泌并刺激了交配行为。雌鼠是不是被这种"香水"吸引了呢？

去甲肾上腺素（和多巴胺）水平也会在一只发情的母羊看公羊脸的幻灯片时突然激增。可能这些母羊暂时性地被这些公羊搞晕了头脑。

去甲肾上腺素还和哺乳动物的一个特殊的求偶造型相关：脊柱前曲——雌性蹲伏下来，把背部拱起，把自己的臀部向着追求者翘起表示可以交配了。人类的女性也这样。她会优雅地把背部拱起来将臀部朝着他的方向并假装害羞地从自己的肩膀往后看。

这些证据让我开始怀疑多巴胺和/或去甲肾上腺素在动物吸引中扮演着重要角色。

毫无疑问更多的大脑化学物质也牵涉其中。如大象、狐狸、松鼠还有其他很多动物在它们的交配机会中做筛选时，必定会区分颜色、形状、尺寸，辨听吸引自己的声调，记住过往的成功和惨败，还会通过嗅、摸和尝等方式来搜集它们潜在配偶的信息。许多化学系统都毫无疑问地在某种链式反应中相互协同，从而引发动物间的相互吸引。

但是动物的爱，提娅、坏布尔、斯基普、米莎、玛利亚、维奥雷特、塔利亚、亚历山大、米蒂、撒旦们，以及这个星球上其他哺乳动物和鸟类都很可能被特殊对象吸引过。他们在短期内会着了魔似地进入一种不寻常的激动状态，对着他们选中的对象呱呱叫、汪汪叫、慌乱拍打、发出颤音、走来走去、瞪眼睛、依偎摩挲、喜爱地轻拍、发动交配和可劲儿溺爱。

无人知晓大脑中用来产生动物吸引的化学机制第一次演化出来是在何时。我怀疑自从最早期的哺乳动物在恐龙脚边四下逃散那一刻开始，这些和人类有着千丝万缕联系的原始远亲就已经演化出了一个简单的大脑回路，用来引导他们将众多求爱者和中意对象加以区分。通过这个基本的装备，他们继续向前发展分化，把这种化学机制扩散到各种会游泳、飞翔、爬行、蹦跶、跳跃、小跑的生灵身上，包括猿和人类的祖先。

古印度人把浪漫爱情叫作"宇宙的永恒之舞"，他们说对了。一只金花鼠、一匹斑马或一头鲸能多久地感到来自一个特殊对象的吸引，时间长短显然是不同的。环境不同，需求不同，物种也不同。在大鼠身上，吸引只会持续几秒钟；大象好像能"爱上个"3天；狗常表现出几个月的吸引和几年的依恋。一些科学家追问，这些动物对自己情感的意识是如何？[1] 无人知晓。但是动物会表现出激增的精力、聚焦的注意力、过度兴奋、渴求、坚持不懈、心有所属和热爱，此即动物的吸引。数据显示这些吸引和两种大

---

[1] 一些科学家相信动物缺少大脑皮层的演化区域和其他大脑系统以产生意识和自我意识，即有意识地感知到其情感的机制；也有一些科学家相信高等动物可以觉知其情感（Humphrey 2002；De Waal 1996）。我则认为对自我、自己的感觉和外部世界的有意识的感知可能包括从简单的"这里"和"现在"的感知到对过去和未来的广泛的有意识感知（Damasio 1994）。哺乳动物处在这一范围中，很多能知觉到自己的情感，包括自己对其他同类的吸引力。但它们不对这些感觉做详细的自我分析。——原注

脑化学物质有关——多巴胺和去甲肾上腺素。

这些化学物质也能在人类的浪漫爱情中起作用吗？为了搞清楚"永恒之舞"的化学机制，我决定到人脑里去看一看。

03

因为爱像死亡那么强烈

它的激情也残酷如坟墓

而它的火光是神的烈焰

——《雅歌》（公元前 900—前 300 ）

"爱的火，思念的冲动，情人的轻言细语，没法挡——这魔法让最理智的人也要发疯。"荷马（Homer，约前 9 世纪—前 8 世纪，古希腊游吟诗人）在《伊利亚特》（*Iliad*）中唱诵的魔法引发了战争、创造了朝代、掀翻了王国、激发了这个世界上最好的文学和艺术。人们为爱歌唱，为爱工作，为爱杀戮，为爱而生，为爱而死。到底是什么带来了这种巫术？

如你所知，我已经相信浪漫爱情是一种普遍的人类情感，产生于大脑中特殊的化学机制和网络回路。但到底是哪一种呢？我决意去搞清楚这种能够让最正常的人也发疯的魔法，于是我在 1996 年发起了一个由多个部分组成的项目，用来搜集有关科学数据。在假设中，多种化学机制一定是互相牵扯，不过我把主要精力投注在多巴胺和去甲肾上腺素，以及另一种相关物质，5-羟色胺。

选择它们基于两个理由：动物对特定配偶感到吸引力会伴随着多巴胺和/或内啡肽在大脑中的增加；更重要的，这三种化学物质产生出了许多和人类浪漫激情有关的感受。

加油干， 甜蜜多巴胺

以多巴胺为例。大脑中多巴胺水平的升高会让人产生极度集中的注意力，以及不可动摇的动机和目标导向的行动。这些都是浪漫爱情的核心特征。恋人们激烈地把注意力集中在心上人身上，经常会不顾身边其他的一切。事实上，他们如此不屈不挠地关注心上人的优点，以至于很容易就忽视了他或她的缺点，他们甚至过分沉溺于和心上人一起分享的事物或事件。

爱到糊涂的恋人们也会认为自己的心上人是新颖而独特的。多巴胺就恰恰和学习了解新鲜刺激有关。

浪漫爱情的核心是恋人们对心上人的优先级很高的特定选择。你可以回想一下第 2 章里面讲到过的，在草原鼠身上，这种特别的喜爱和大脑中特定区域的多巴胺水平升高有关。如果多巴胺与草原鼠的择偶偏好有关，那么它也可以在人类的偏好中发挥作用，这点并非逻辑上的飞跃。就像你回想起的那样，所有哺乳动物都有差不多相同的大脑机制，虽然它们相关大脑区域的大小、形状和位置有所不同。

欣喜若狂是浪漫爱情的另一个特征，同样也和多巴胺有关。大脑中多巴胺的浓度升高会给人带来兴奋感，同时还有恋人们报告上来的其他各种情绪——精力上涨、极度亢奋、睡不着觉、吃不下饭、发抖、心怦怦跳、呼吸加速，有时候还会有狂躁、紧张或害怕。

多巴胺的加入甚至也许可以解释为什么那些被爱冲昏头的男女如此依赖他们的浪漫关系，以及不停地渴求和心上人的情绪互动。依赖和渴求都是成瘾的标志——所有主要的成瘾都和多巴胺水平的升高有关系。浪漫爱情也是一种成瘾吗？是的，我认为它是的——爱得到回报的时候伴随着极乐的依赖，爱被拒的时候伴随着痛苦、悔恨和常常是毁灭性的渴求。

事实上，在觉得爱情受到了威胁之际，多巴胺可能会使恋人们汇聚出疯狂的努力来做点什么。当一次奖赏被延迟了，大脑中制造多巴胺的细胞会加班加点地工作，输出更多的这种天然刺激物用来给大脑提供能量，聚焦注意力，驱使追求者更加努力地奋斗以获得奖赏：这种情况下，就是赢得某人的甜心爱人了。多巴胺，你的名字是坚持不懈。

甚至对心上人的性渴求也有可能与多巴胺水平的升高间接相关。随着大脑中多巴胺的增加，它经常会提高和性欲有关的激素——睾酮——的水平。

去甲肾上腺素的"嗨"

去甲肾上腺素，一种多巴胺的衍生物，可能也对恋人们的"嗨"有贡献。去甲肾上腺素的效应是多种多样的，会出现哪种完全取决于它激活了大脑的哪个部分。不过，这种刺激物的水平升高一般会带来兴奋感、精力过剩、茶饭不思——也就是浪漫爱情的一些基本特征。

去甲肾上腺素的水平升高也可以帮助解释为什么恋人们能记起心上人的行为中最细小的部分，并珍爱一起度过的分分秒秒。这种"烈性酒"和记忆中记取新的刺激有关。

第三种可能也与荷马所说的"不可抑制"的神奇感觉有关的化学物质叫作5-羟色胺。

5-羟色胺

浪漫爱情的一个显著特征就是对心上人持续不断的思念，恋人们无法勒住思想的缰绳。事实上，恋爱状态中这个方面的表现是如此强烈，所以我在筛选被试者的试验中就利用了这种激情。任何人只要说自己"正在恋爱"，我会问的第一个问题都是："在你醒着的时候，有百分之多少的时间是用来想念你的这位甜心？"很多人会回答"多于90%"，一些人甚至会害羞地承认他们从来没有停止过思念那位"他"或"她"。

恋人们都会无法自拔。医师们治疗大多数形式的强迫症患者时，都会开出处方药SSRIs（选择性5-羟色胺再摄取抑制剂），像是百忧解或者舍曲林，都是用来提高大脑中5-羟色胺水平的物质。因此我开始怀疑恋人们坚持不懈地、无意识地、抑制不住地回想一位甜心，可能和某种类型的5-羟色胺水平低落有关（化学上至少有14种不同的5-羟色胺）。

我的这个推断有一些实验数据支持。1999年，意大利科学家研究了60名被试：20名是在过去的6个月里陷入爱河的男人或女人；20 名是还未经治疗的强迫症患者（OCD）；20 名是没有处于恋爱状态的正常人，作为控制组。结果发现恋爱状态的被试和强迫症患者身上的 5-羟色胺水平都明显低于控制组。

这些科学家解释说 5-羟色胺是血液中的组分，比在大脑中的水平要高。在科学家记录到大脑特定区域中的 5-羟色胺活动之前，我们还无法清楚知晓 5-羟色胺在浪漫爱情中扮演的角色。然而，这个实验第一次确立了浪漫爱情和身体中的低 5-羟色胺水平之间可能存在联系。

每当你的大脑像个踩在踏车上的老鼠一样停不下来时，可能都和 5-羟色胺的水平降低有关。

随着恋情渐酣，这种无法抑制、萦绕于心的想法也会增强——这是由于 5-羟色胺与其亲戚多巴胺和去甲肾上腺素之间的负相关。多巴胺和去甲肾上腺素的水平爬升会带来 5-羟色胺的骤降。这就能解释为什么一位恋人不断增加的爱情狂喜实际上加剧了对浪漫伴侣产生白日梦、幻想、沉思、着迷的冲动。

一个"工作"假说

根据大脑中多巴胺、去甲肾上腺素和 5-羟色胺这三种相关化学物质的特性，我开始怀疑它们都在人类浪漫激情中起到了一定的作用。

极度兴奋、茶饭不思可能部分地和大脑中多巴胺和/或去甲肾上腺素的水平升高有关；而恋人们沉溺于对心上人的思念可能和大脑中某种类型的5-羟色胺水平降低有关。

值得注意的是，这条原理被很多事实弄得非常复杂：不同剂量的上述化学物质会带来不同的效应；这些物质在大脑中的不同部分也发挥着不同的作用；每一种在不同环境下以不同方式和另外两种进行搭配，而且每一种都和其他身体系统及大脑回路相协调，制造出复杂的链式反应。而且，充满激情的浪漫爱情也会呈现为不同等级的形式，不仅仅有爱得到回报后的纯粹的兴高采烈，还有在受到挫折之后某个身陷其中的人的空虚、绝望，甚至愤怒。随着关系的退或进，这些化学物质毫无疑问在改变着它们的浓度和结合方式。

尽管如此，浪漫爱情的无数特征和这三种大脑物质的影响之间那明显的联系使得我开始有了接下去的假设：大脑中这团火是多巴胺或去甲肾上腺素（或两者兼而有之）的升高所引起的，同时伴随着5-羟色胺水平的下降。这些化学物质构成了着迷、激情和浪漫爱情的骨架。

扫描恋爱中的大脑

接下来，我需要找到大脑中那个与荷马所说的"渴望的脉动"相关的区域。我知道多巴胺、去甲肾上腺素和5-羟色胺各自在某部分大脑区域中比其他区域要常见一些。如果能找到哪些区域在一个人感受到浪漫狂喜时会变得活跃起来，那也许就证实了哪一种化学物质涉入其中。是时候扫描一下那些痴情男女的大脑了。

和神经科学家格雷格·辛普森（Greg Simpson）一起，在阿尔伯特·爱因斯坦医学院，我开发出了一个方案。我们可以在身陷情网的对象身上开展两项独立的任务，同时搜集他们大脑中的活动数据：让他们盯着心上人的照片看，然后看一张"中性"的不引起正面或负面浪漫情感的熟人照片。此外，我们可以使用一个功能磁共振成像仪来拍下大脑的照片。

功能磁共振成像仪会记录下大脑中的血流。它的运行基于一个简单的规律：与静止的大脑区域相比，激活的大脑细胞会吸取更多血液——为了搜集足以支撑它们工作的氧气。利用这个仪器我不需要对我的研究对象们注射染料或在他们身体内植入任何其他东西，如此也就没有痛楚。

然后为了分析数据，我们会将实验对象盯着心上人看时的大脑活动和盯着中性照片看时的大脑活动做个比较。

我们认为这是个不错的开端。1996年，我们扫描了四位对象，两个年轻男人和两个年轻女人。他们都疯狂地沉浸在爱恋之中。实验结果也让人备受鼓舞。但我的同事却由于职业上的另外一些许诺不得不退出这个项目，幸运的是我已经邀请了露西·布朗（Lucy Brown），一个来自阿尔伯特·爱因斯坦医学院的资质老到的神经科学家，来解释这些扫描结果——这是一项技术要求高、时间耗费大并且对智力要求也很高的任务。随着时间的推移，阿特·阿伦（Art Aron）也加入了我们，这是一位来自纽约州立大学石溪分校的有才华的心理学家，此外还有天资出色的德布·马谢克（Deb Mashek），那个时候他还是石溪分校心理学系的研究生。

对实验的设计我有点忧虑。你可以回忆一下，前面讲到过，要恋人们不想他们的心上人是很难的。所以我担心当实验对象们看到心上人的照片之后，因此而激起的热情会一直带到他们看中性照片之时。当我把这一点拿去跟阿特和德布讨论时，阿特推荐了一个"干扰任务"，这是用来清洗大脑中的情绪的标准心理学程序。于是我们设置了一个特定的"干扰任务"。

实验对象在看心上人照片和熟人照片的中间阶段，会在屏幕上看到一些数值较大的数字（如8421），并被要求以心算的方式从这个数字倒着往回数，而且是以7为间隔的。其用意在于：清除他们看到心上人的照片时产生的强烈感觉，之后才让他们暴露于中性刺激物面前。一遍遍试着这么做你会感到烦恼，十分烦恼。选一个大数字，然后集中注意力从它开始每次减掉7，一个一个往回数。这很费心力，但也很有用。至少相当简便地，在你挣扎着把它数清楚时，前面所产生的感觉就实实在在地消失了。

在我们开始扫描被爱击中的男女更多的大脑区域之前，无论如何，我们必须确定一件事情：心上人的照片比起气味、情歌、情书、记忆或其他与之有关的物体以及现象更能有效地引起浪漫爱情的感觉。

显然，诗人和艺术家一直都非常清楚视觉图像的威力。如威廉·巴特勒·叶芝（William Butler Yeats，1865—1939，爱尔兰诗人）写的那样："酒从口中进来/而爱从眼睛进来。"绝大多数心理学家都猜想是视觉图像激发起浪漫激情的，我们自己也确信无疑。但是在试图去用照片引发浪漫爱情的狂喜之前，阿特、德布和我想要肯定的是，爱"从眼睛进来"比通过其他感官更强烈。

为了找到证据，我们引进了一个设计很独特的实验，用一种我们称为"爱度计"（love-o-meter）的装置。

爱 度 计

纽约大学石溪分校校园里有一块为心理系学生设置的公告牌，阿特和德布在上头贴上求被试的通告。通告以非常醒目的一行字开头：你是不是正好陷入一场疯狂的恋爱？在这里，"正好"和"疯狂"是两个关键词。我们只寻找那种刚巧爱得死去活来达到茶饭不思程度的志愿者。

很多石溪分校心理系的志愿者和德布取得了联系，然后就亲自来了。她从中挑选了那些看起来真的是在恋爱的人，给了每人一些设计好的问卷，用来了解他们的内在人格、对心上人的感觉、恋爱期限、恋爱的浓烈程度，以及有没有风流韵事。随后她嘱咐他们一个星期后再来一次实验室，带一些让他们觉得能激发对心上人的强烈激情的物件过来。这些大学生再次返回时都携带着各种照片、信件、打印下来的电子邮件、生日卡、音乐磁带、古龙香水、写在纸上的记忆，以及纸条形式写着的预期的未来事件。他们小心翼翼，像携带一束玻璃花。

接下来为每个对象做实验准备。首先，德布将三个电极粘在他头皮的不同区域，这样就能将实验对象和脑电图机（EEG）相连。她告诉每个实验对象这些电线在实验过程中会记录下他们大脑的电波。事实上，这不是真的，机器其实根本没有启动。但是我们希望的是这个计谋会刺激志愿者让他们保持诚实。再接下来，参与者坐在了电脑屏幕前，那上面会显示一个垂直放置的像温度计那样的符号，并给了他们一个手持的旋转拨号盘，等级设置为0到30。通过拨弄这些弹簧支撑的刻度盘，实验对象能够提升这些"温度计"上面的水银高度。当他/她松开拨号，刻度又回到0。我们开玩笑地把这个基于电脑的响应装置叫作"爱度计"。

实验开始了。第一步，实验对象会看到他们心上人的照片，然后是一张中性的其他同性照片或一张自然风光照；第二步，每个人要朗读一段心上人写来的情书，然后是从一本统计学书上撷取的小段落；第三步，每个人闻一种让自己想到心上人的香水，然后是兑了水的很清淡的外用酒精；第四步，每个人回想一次和心上人在一起的精彩瞬间，然后是一件平淡的事，比如上一次洗头；第五步，每个人听一首让自己联想到心上人的歌曲，然后是一首美国儿童剧《芝麻街》里面的角色唱的歌；最后，每个人去想象一个和心上人一起度过的让人兴奋的未来事件，然后是一个日常事件，比如刷牙。每个任务都会被穿插安排进我们的"干扰任务"：从一个大数字往回默念数数，以7为间隔。

实验对象要做的是对每个任务通过拧爱度计上的刻度来反映他们感受到的浪漫激情的强烈程度。11位女性和3位男性参与其中，他们的平均年龄是18.5岁。当他们的反应被记录下来并且通过统计分析，结果就显露出来了：不管是照片、歌曲还是回忆，能够激发的浪漫激情的强烈程度都几乎相等。

照片激励爱

我并不惊讶照片会引发浪漫热情。毕竟，我们每个人都会在书桌上放一张心上人的照片。此外，如你所回想起来的那样，这种对于可视的照片产生的内心反应有一个人类学上的解释。人类是从树栖祖先演化而来的，这些祖先需要优异的视力才能够在离地面很高的地方生存。那些视力不佳的一定会判断错果实和花朵的位置，这样在从一根树枝跳到另一根的过程中就很有可能摔下来折断脖子。结果是所有更高等的灵长类都有容量可观的大脑以供感知和整合视觉刺激。事实上，数十年来心理学家都在重点考察视觉外观在激发爱情吸引方面的重要作用。

这个实验向我们确证了心上人的照片的确能引发浪漫喜悦。我们的实验设计是正确的。我们可以开始对恋人们进行脑部扫描，去寻找浪漫欣喜产生的回路。

实　　验

"你是否刚刚疯狂地坠入了爱河？"我们在纽约州立大学石溪分校校园中张贴新广告时，又一次使用了这句话。但这次我们要求参与者躺在一条长长的、幽暗的、狭窄的、有噪声的机器中接受大脑扫描。再一次，我们寻找的是那些最近几星期或几月内疯狂坠入爱河的人，他们身上浪漫的感觉还新鲜、生动、不可抑制并且强烈热切。

这些人并不难找到。约翰·多恩(John Donne，1572—1631，英国诗人、作家)写道："爱，人皆知，无季节，无气候，无时辰，无日期，无月份，原就是时间的碎屑。"爱随时随地可以萌发。学生们很快就自愿来到了阿特的实验室。德布把那些头上戴了金属物品(诸如唇环、舌环、鼻环或脸部首饰，以及牙套)的人挑出来劝走了，因为这些物品会影响功能磁共振成像仪的磁场。她还排除了那些有幽闭恐惧症的人，那些使用抗抑郁类药物从而有可能影响大脑的生理状态的人，以及左撇子。左右利手不同的人在大脑组织上有可能不同，而我们则必须尽可能地保证我们的样本达到标准化。

从这个点出发，我面试了每一位参与者，有时面试时间长达两小时。我的第一个问题通常都是一样的："你恋爱多久了？"第二个问题是最重要的："每天每夜你有百分之多少的时间用来想念心上人？"因为萦绕于心的思念是浪漫激情的核心组成部分，所以我只找那些基本上在清醒的时间里都在想着心上人的对象。我还寻找那些在面试期间大笑和叹息都比平常要频繁的人，那些能够想得起心上人的细节的人，那些坦诚地对喜爱的人表露出渴望，事实上是渴求的人。

如果一位潜在对象表现出了这些或其他浪漫激情的迹象，我就会邀请他或她参与进来。我们会向对方索取两张照片：一张是其心上人的，一张对其而言是情感中立的。一般来说后者是他们在高中或大学里认识的一个人。然后我们就挑了个日子让他们逐个做大脑扫描。

大脑扫描程序

不必向参与者过多解释给他们做大脑功能磁共振成像的时候会发生什么，这种情况下应该现身说法，我会告诉他们，本人已经有过三次这种经历。虽说自己有一点幽闭恐惧症，但还是觉得在引导其他人去做扫描前也需要有经验才行。我会给他们描述在那个机器里面会发生些什么，并且向每一个人保证不会出现什么意外。我需要这些男人和女人们相信我，若没有这种信任，探测到的感觉可能更多的是怀疑和恐惧，而非浪漫的爱情。

当一切看起来就绪，我们就会约定一个日期请对方来做扫描，与此同时我感到又高兴，又激动，又好奇。

过程是很简单的，但并不容易。一开始，德布和我需要让参与者在扫描仪里面待得尽可能舒服。扫描仪体态庞大，水平放置，呈圆筒状，是一个奶油色的塑料管道，两端都开着口，实验对象斜靠在这个管状机器中的架子上，在他们上方和身侧有一至二英尺（0.30~0.61 米）的半黑暗区域，视体形而不同。我们在他们的膝盖下放一个枕头，令他们的背部放松，加盖一条毯子以保暖，把头部固定在硬枕头上免得移动，在他们眼睛上方斜置一块镜子。这样，实验对象就可以看到扫描仪外面的一块屏幕，在上面我们会连续播放照片，还会有一些大的数字作为干扰。

通过预扫描建立了一个基本的大脑剖面图之后，这个时长为

12 分钟的实验就开始了。首先，实验对象要盯着屏幕上心爱之人的照片看 13 秒钟，扫描仪则在一旁默默记录下大脑不同区域的血流状况。

接下来，实验对象要看一个大的数字，如 4673。这些数字每次出现的时候都会发生改变，但都起到相同的作用。实验对象需要在 40 秒的时间里从这个数字往回数数，以 7 为间隔。

然后，继续再看中性的照片，持续 13 秒，同时还要做一次扫描。

最后，看另一个大数字，这一次的时间是 20 秒，仍然如法炮制：以 7 为间隔，从这个数字往回数数。

这个循环（或者顺序倒过来）会重复 6 次——如此就能给我们提供大约 140 张扫描照片，分属大脑不同区域，贯穿每个参与者经历的以上四种情形。实验结束后，我会和他们进行面谈，询问他们的感受，以及进行每个部分时脑子里想的是什么。为了表示感谢，我们会给每位参与者 50 美元以及一张个人大脑的扫描图作为报答。

我们一共扫描了 20 名男人和女人，他们正好都沉浸于愉悦的爱恋之中。后来又扫描了 20 名另一类型的人——正好都是最近被抛弃、为失去爱情而备受折磨。来自情感的拒绝是爱情中几乎每个人都会经历的一个毁灭性的方面，通过研究这种拒绝，我们希望能够识别出大脑中和浪漫激情相关的区域（关于单相思的讨论将在第 7 章出现）。

激情爱量表

这个实验还有一个部分。在实验对象进入扫描仪之前，我们会要求每个人填一些调查问卷，举例来说，我和我的同事们就曾经给 839 个美国人和日本人一起做过一个问卷调查，心理学家伊莱恩·哈特菲尔德（Elaine Hatfield）和苏珊·斯普雷彻（Susan Spre-cher）也设计过类似的调查问卷，她们称之为"激情爱量表"（Pas-sionate Love Scale）。

"激情爱量表"包含了 15 个问题，都和浪漫爱情有联系，大多数和我的调查问卷中的十分相似。其中有："如果＿＿＿拒绝了我，我会深深地失望。""有时候我觉得很难控制自己的思绪，它们被＿＿＿占据了。"实验对象被要求对每一个问题作答，对应自己的行为，在一张分为从"完全不对"到"完全正确"共 9 个等级的表上选一个选项。

我们想的是把每个对象的大脑活动与其对调查表的反应做个比对，看看是否那些在爱情调查中得分高的人大脑活动也更频繁，希望用这种方式来回答一个让我们这些量表制造者们困惑已久的问题：某人在调查表上的报告能否准确反映大脑所思。

对于这一点当时我们尚不清楚，但接下来，事实证明"激情爱量表"显著反映了恋爱中大脑的种种信息。

爱，很愉快

我能够清晰地记得所有这些接受扫描的男人和女人，每一个都有一些特殊的原因。

其中有一个是比约恩（Bjorn）[1]，来自斯堪的纳维亚国家，在纽约念书。他正在和伊莎贝尔（Isabel）热恋，她是一个原籍巴西、在伦敦工作的女人。他告诉我，他们每天都在电话里聊天，然后在假日去见对方。两个人已经"约会"了将近一年并计划结婚。我提到比约恩是因为我从他身上获得了一些很有价值的东西。这是个金发浓密、自我包容、带着温暖微笑的男子，他智慧非凡，时时闪现幽默的火花。但是我第一次请他描述自己爱的这个人时，他沉默了，以至于在一段间隔中我以为电话断了。我记得自己当时更激烈地发问："呃，你一定是喜欢伊莎贝尔的某些东西。"他回答道："哟……"

我不得不"哄骗"比约恩说点任何和他心爱的人有关的东西！最后，他不好意思地透露说经常做白日梦想着伊莎贝尔，激情澎湃地爱着她，一天里不管白天黑夜，95%的时间都会用来想念她。但是他怎么也没有表露出急切的具有爱情特征的悸动。这导致之后我在看到他的大脑扫描结果时异常惊讶，因为当他看到自己心爱之人的照片时，大脑就被"点燃"了，像一场烟花绽放。这难道

1　本书中出现的所有被试的名字均为化名。——原注

就是所谓的"静水流深"吗？

比约恩搞得我有点晕。他不带笑的面容遮盖了内心的激情，我不认为他是故意试图欺骗我。相反地，他是在用一种基于自身生物性、成长背景和文化的方式来表达自己。然而他外露的表现没有反映出他的内心世界。这使得我脑中出现了一个严肃的问题：那我该如何来挑选合适的参与者？

围绕这个问题我想了很多，最后，我恍然大悟，其实再明显不过嘛：我，别无选择。我能做到的是询问潜在的参与者尽可能多的问题，仔细地听他们的回答，并且也标记下那些生理暗示：兴高采烈、精力充沛、注意力聚焦于一点、占有欲、强迫性思念。而且我也必须祈祷自己的社交技巧好得足以帮助我挑出那些是真心洋溢在爱之中的人。

我们最具戏剧性的一位实验对象是芭芭拉（Barbara），一个20岁出头，高个、白皙、红发、好看并且十分善谈的女人。5个月前她在新泽西州的海滩上遇见了迈克尔（Michael）。她爱得如此之深，以至于出现了睡眠障碍，思想斗争激烈，在他公司的时候她会感到十分害羞。当两个人打电话时，她的心脏会跳得很厉害。她沉迷于回放两个人在一起的镜头。她说自己像"被充过电"一样。她说，如果他不给她打电话，她会"发疯"。她也变得十分爱嫉妒。从表面上来看，他有很多女性朋友，她甚至不喜欢他和她们中的任何一个打电话。当我问她是否有考虑过秘密地拥有另一段关系，她立时目瞪口呆。这是所有恋爱者的特征，芭芭拉不会构想和任何其他人一起共度时光，除了迈克尔。然后我问她最喜欢他的什么，她回答说："化学。"这是芭芭拉第一次爱上，她容光焕发。

我们这些快乐的恋人们中最引人注目的反应来自威廉。他对我们的实验很快就心领神会了，他很聪明，和蔼可亲，渴望参与，对扫描仪充满好奇，并且对我的爱情理论十分感兴趣。我们在实验开始前轻松地交谈。他很思念自己的女友，她已搬到俄勒冈州去了。尽管他们爱得很深，也经常联系，他仍然为她不在身边而感到十分痛苦。这是一个很好的信号，我怀疑正是这个逆境提升了他的热情。但威廉在做完扫描后进行面谈时说的一段话才是真正让我印象深刻的原因。他从机器中钻出来，我问他感觉如何，他回答说觉得自己"不完整"。

不完整，对我来说，没有任何一个词语可以比它更好地描述陷入痴狂的男人和女人。尽管阿里斯托芬（Aris-tophanes）有开玩笑的成分，但他确实在 2500 年前就偶然发现了这一关于恋人们的基本真理。在柏拉图的《会饮篇》（Symposium）中，这位雅典的剧作家主张，最初每个人都是一个整个的完满的雌雄同体，四只手，四条腿，一个脑袋上有两张脸、四只耳朵，两套生殖器，雌雄同体。这种原始的人类"有着可怕的力量和活力"。有一天，这些怪物试图凌驾于众神之上，于是宙斯就下令把每个人劈成两半——男人和女人。"很久以前，人类对异性的内在渴望就是这样开始的，"阿里斯托芬解释说，"我们每个人都在寻找自己的另一半。"像威廉一样，大多数人在恋爱前都会感到自己不完整，直到他们与心爱的人实现情感上的结合，这种感觉才会平复。

比约恩、芭芭拉、威廉，以及所有其他参与者都告诉了我很多关于他们个人生活的事情，我对每一位都十分感激。但是，他们的大脑其实向我透露了更多有关这种原始的激情，即浪漫爱情的信息。

恋爱中的大脑

"在人类的组分之中，有大量易燃物质，不管它曾经蛰伏多久……当火把投给它之后，你内在的那部分就会燃起熊熊火焰。" 1795 年，乔治·华盛顿在给他年轻的继外孙女写信时如此忠告。我们开始了解那种火焰。

在能领会扫描结果之前，无论如何，我们需要对大脑的照片来做一次深度了解。我的同事们做了扎实的工作。在这个过程中有上百个错综复杂的步骤。因为大脑扫描技术是如此之新之复杂，经常会出错——分析也必须重做。但随着时间的推移，纽约州立大学石溪分校另一位有才华的研究生格雷格·斯特朗加入了我们的团队，他擅长把数据排成一个正确的顺序。露西分析大脑扫描的结果，判定哪些区域被激活；阿特则做了很多统计分析。他们俩还对材料的不同剖面做了许多独到的比较，所有这些都需要大量的时间、奉献精神、知识、创造力、洞察力和技巧。

最终我们得到了结果：沐浴于爱河中的大脑的美丽照片。当我第一次看到那些大脑扫描照片中被激活的区域闪耀着明亮的黄色和橙色之时，我觉得自己的心情好似夏夜看着闪烁的宇宙星空：势不可挡的敬畏感。不过，为了明白我看见的是什么，你必须先去了解一点自己脑袋中的装备。

大脑是由很多部分或者说区域组成的。每个部分都有特定的功能。它们之间通过神经细胞也就是神经元来联系——数量达到100亿之巨。这些神经细胞产生、储存和分配着不同的神经递质，举例来说，一些合成多巴胺、去甲肾上腺素和/或血清素（5-羟色胺）。当一个神经元被附近另一个神经元电刺激后，产生的脉冲常会促使神经递质从神经细胞上分离，通过一个细小的间隙，也就是突触，进入另一个神经细胞的"受体位点"，通过这种方式，神经递质把电脉冲一个细胞接着一个细胞地传下去了。

　　每个神经细胞有大约1000个这种突触结合点，在人类的大脑中统共有大约1万亿个突触结合点。简直是台机器！每个神经元只和特定的其他神经元交流，如此形成了用来连接特定大脑部分的神经网络结构用以整合我们的想法、记忆、知觉、情感和动机。科学家把这个神经和大脑的网络叫作"回路""系统"或者"模块"。

　　我们用的大脑功能磁共振仪只会显示特定大脑区域的血流活动，但是因为科学家知道哪种神经连接哪种大脑区域，他们可以推测当特定的大脑区域开始发热时是哪种大脑化学物质处于活跃状态。

　　在我们被爱击中的时候，大脑许多部分都会活跃起来。但，沐浴爱河的精致体验中只有两个区域看起来是核心。

大脑中的奖赏系统

也许我们最重大的发现就是尾状核的活跃。这是一个大 C 形的区域，处于靠近你大脑中心的位置（见 85 页图）。这是很原始的脑区，它属于爬行脑（R-complex）的一部分，因为这部分在大约 6500 万年之前哺乳类开始出现之前就已经演化出来了。我们的大脑扫描显示当一位恋人盯着自己心上人的照片看时，身体的某些部位和尾状核会特别活跃起来。[1]

我非常惊讶，科学家早就知道该大脑区域会指导身体运动，但只有在最近他们才意识到这个巨大的发动机其实是大脑"奖赏系统"的一部分。这是大脑用于唤醒、愉悦和奖励动机的网络。尾状核能够帮助我们检测和捕捉到一次奖赏，区别奖赏，选择某种特定的奖赏，参与奖赏和期待奖赏。它带来了为了获得奖赏而生的动机以及为了获得奖赏而规划的特定运动。此外尾状核还和注意力以及学习有关。

我们实验的受试对象的尾状核不仅仅显示出了活跃，而且当他们越热切地爱时，尾状核的活动就会越激烈。

---

1 大脑分为两半球，因此有两个尾状核，左、右半球各一个。在我们的实验中，我们只发现右尾状核有活动。一些神经科学家最近相信正面情感主要发自左边大脑，而负面情感主要发自右边大脑。但有几个实验与此相反。我们不明白为什么只有右边大脑的尾状核和腹侧被盖区有活动，而左边大脑的尾状核没有活动，或为什么不两边大脑都有活动。我估计在早期，浪漫爱情是与大脑的不舒服的状态，如焦虑、渴望联系在一起。——原注

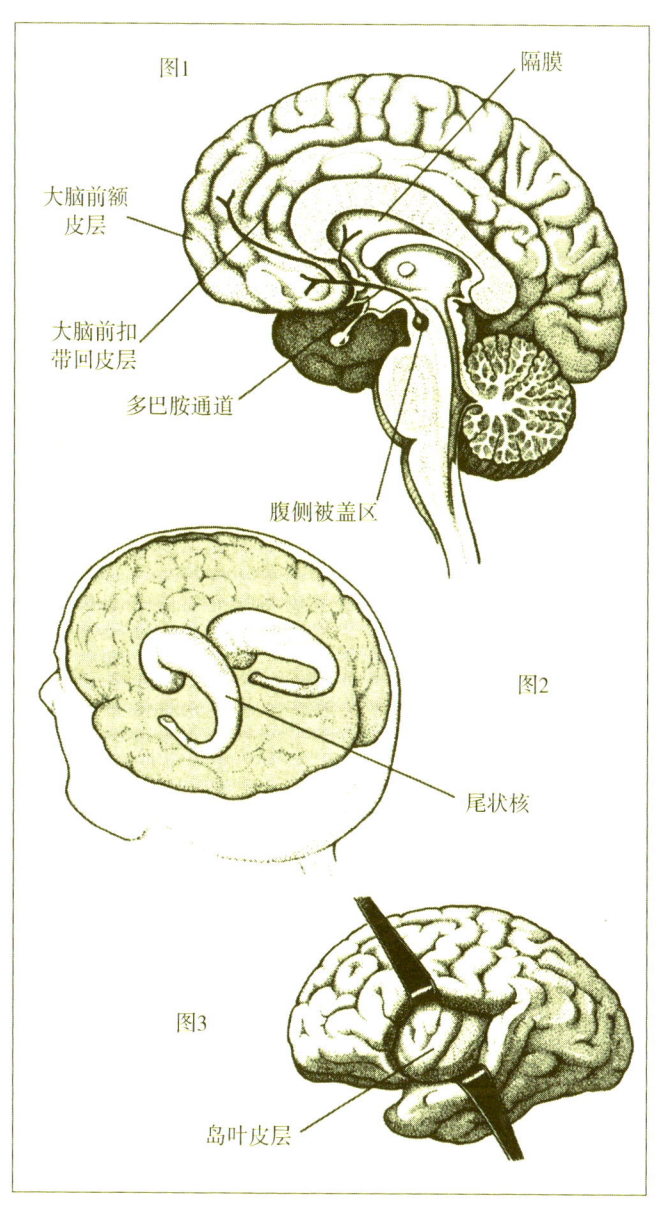

图1

隔膜

大脑前额
皮层

大脑前扣
带回皮层

多巴胺通道

腹侧被盖区

图2

尾状核

图3

岛叶皮层

我们神奇地发现了这些。你还记得实验受试对象在进入大脑扫描仪之前曾填写过的"激情爱量表"吗？当我们把每个实验受试对象的调查反应和他们的大脑活动做比对时，也找到了正相关的结论：那些在量表调查中得分高的个体，当他们盯着心上人的照片看时，其尾状核的活动也更加活跃。

多么惊人。科学家和商人长期以来都想知道自我报告式的调查表是否真实反映了一个人的内在感受。在这个实验案例中，答案是肯定的。我们也成了最早证明量表调查报告和特殊大脑活动模式之间有直接联系的团队。

我们甚至还发现了奖赏系统中其他区域的活动，包括隔膜区域，还有在吃巧克力时会兴奋起来的区域。吃巧克力是会上瘾的。到了第 8 章我会讲到，浪漫爱情其实也属于一种瘾。

多巴胺的策源地

来自我们的功能磁共振扫描实验的另一个显著结果是腹侧被盖区（Ventral Tegmental Area，VTA）被激活了，它是大脑中奖赏回路的中心部分。

这个结果正是我所寻找的。我曾做过假设，如你所知，浪漫情感和多巴胺和/或去甲肾上腺素的水平上升有关，而腹侧被盖区是多巴胺产生的源地之一。脑神经元通过它们触须状的突触向大脑中许多区域发放多巴胺，包括尾状核（见 85 页图）。随着这个播撒系统把多巴胺散发出去以后，它就产生了聚焦式的专注，包括强大旺盛的精力、集中于获取回馈的动机、兴奋甚至狂热的感觉——这些都是浪漫爱情的核心感觉。

所以呢，怪不得恋人们可以整晚一起聊天，或散步至天明，写夸张的诗句和表露自我的电子邮件，为了一个周末的拥抱而穿越大洲大洋，改换工作和生活方式，甚至可以为对方去死。被能够给予注意力、耐力和智力的化学物质所渗透，同时被大脑中的动机引擎所驱动，恋人们终于向赫拉克勒斯[1]式的求偶冲动投降了。

乔治·华盛顿所说的"易燃物质"，至少部分就是搅动起尾状核和大脑"奖赏系统"其他部分的多巴胺——一种古老的大脑回路，驱使他／她将注意力集中在人生的最大奖赏上——一位或将传递他们 DNA 到永远的伴侣。

爱如何变化

在实验中，我们也发现了爱是如何经过时间发生改变的。我们的见解来自一次不同寻常的巧合。2000 年的时候，在我们的项目进行到中段时，伦敦大学学院的科学家宣布他们完成了一个类似的实验。通过使用功能磁共振成像大脑扫描仪，安德烈亚斯·巴特尔斯（Andreas Bartels）和泽米尔·泽基（Semir Zeki）在 17 位报告说自己"深深地、真切地和疯狂地陷身于爱情之中"的实验受试

1　赫拉克勒斯，希腊和罗马神话中的大力神，又译海格立斯；罗马神话中称为赫丘利。——译注

对象身上检查了他们大脑的活动。其中 11 位为女性，年龄都在 21 到 37 岁之间，所有人都在实验中观看了心上人以及三个相同年龄、性别和友谊年限的朋友的照片。

这个来自伦敦的实验是一项显著的成就。巴特尔斯和泽基发现在实验对象盯着心上人看的时候一些大脑区域会变得非常活跃。特别重要的是，他们在位于尾状核部分的相同区域发现了大脑活动。多么令人振奋啊。两个来自不同大陆的研究团队，使用了来自不同种族的实验受试对象，普遍年龄构成也不同，但都在相同的大脑结构中发现了活动。尾状核——伴随着它里面多巴胺的剧烈变化——肯定就是人类浪漫爱情的炼炉了。

而且，伦敦方面的数据还说明了爱是如何通过时间来发展的。我们没有做爱情如何变化方面的调查，但这部分也是由于伦敦团队的研究对象沐浴在爱河中的平均年限为 2.3 年，而我们的对象只有 7 个月。他们的男性被试和女性被试都在两个区域显示出了明显活动——大脑前扣带回皮层（anterior cingulate cortex）和岛叶皮层（insular cortex）——而我们的实验受试对象都没显示出什么动静（见 85 页图）。这种不同激发我们去对自己的实验对象做一个互相比较。

果然，我们的实验中进入爱情关系时间长的那些对象也在大脑前扣带回皮层和岛叶皮层显示出了活动，和伦敦团队的实验结果一致。

我们不是很确定这实际上意味着什么。大脑前扣带回皮层是情绪、注意力和工作记忆互相作用的地方，一些部分和幸福状态有关；其余部分涉及对自身情绪状态的察觉和在社交沟通中获悉他人情绪的能力；还有一些和关乎得失的瞬间情绪反应相联系，由此来判断一个奖赏的价值。岛叶皮层则用来搜集来自身体外部的触碰和温度，同时也有来自身体内部的痛觉和胃部、肠道及其他内脏的活动。通过这些大脑区域，我们记录下不安时的肠胃状况、怦怦跳的心脏和很多身体其他部分的反应。岛叶皮层的某些部分甚至还会处理情绪。

因此可以确定，随着一段情感关系在时间上的延长，大脑中和情绪、记忆、注意力有关的区域会以新的方式做出反应。这些大脑部分到底在干什么，谁都不知道。是不是大脑正在铺设巩固涉及爱情关系的情绪记忆？是不是我们在利用自己的情绪去分析、评估这段关系？我们都知道爱随时间而变，一旦明白这些问题的答案，或许会揭示出爱如何以及为何而变。

我们的纽约团队还找到了一些浪漫激情的性别差异。不过我准备在第 5 章里再讲这些发现和它们的含义。

爱的本能需求

所有这些数据对我有个显著的影响——它们改变了我对浪漫爱情的认识。多年以来我都把这些超棒的经验视作一群情绪的组合，从欣喜若狂到沮丧失望。但是心理学家把情绪和动机区分开来——大脑系统以计划和追求特定的需求为导向。我们的同事，阿特·艾伦认定了一个观点，浪漫爱情不是一种情绪，而是一个使得追求者与特意选择的配偶来筑造并保持一份亲密关系的动机系统。

事实上，因为阿特对这个观点的执着，我们开始秉持两个假设来进行我们的大脑扫描：我的假设是浪漫爱情与多巴胺和/或其他紧密相连的大脑神经递质有关，而阿特的理论是浪漫爱情主要是一个动机系统，而非情绪。

真相大白，实验结果证实我们的假说都是对的。浪漫爱情的确显示出与多巴胺有关，而因为这种激情从尾状核中产生，动机和目标导向行为也牵涉其中。

神经科学家唐·普法夫（Don Pfaff）如是定义本能需求：这是一种神经状态，能够激励和引导行为去获得与生存或繁殖有关的特定生物需求。[1] 我们有很多本能需求。它们是个连续统一体。一些像是口渴和对温暖的需要，除非得到满足，否则不能停止。性冲动、饥饿和母性本能则相反，经常能够被重新引导，甚至通过时间和努力去制止。我想陷入爱河的体验正好处于这个连续统一体的某个位置。

首先，像本能需求一样，浪漫吸引是非常顽固的，它很难被消除。情绪则恰好相反，来来去去，你早上很高兴，下午说不定

1　神经科学家普法夫论证（Pfaff 1999）所有动机包括两部分：（a）大脑的一个普遍性激发系统，产生能量和激励获得全部的生物需要；（b）一种特定的大脑系统系列，产生感觉、思考、行为，与特定的生物需要相关。他报告说普遍性的激发与多巴胺、去甲肾上腺素、5-羟色胺，乙酰胆碱、组胺、前列腺素有关，可能还包括其他大脑化学物质，而特定的大脑区域和系统随每一特殊的动机的不同而不同。我们的 fMRI 实验可能揭示出浪漫爱情的一般激发系统，以及相关的腹侧被盖（VTA）区域、中央多巴胺的分布。然而，我们也在其他区域，尾状核体部和尾部，中隔，后扣带等发现了活动。还有一些大脑区域活动减小（H. Fisher et al. 2003；Aron et al.，准备中）。这些区域可能属于早期原始的强烈的浪漫爱情。另一套模式的或更精密的将确定与求爱动机相关的神经联系。然而，与浪漫激情相关的感觉、思考、激励，行为会因人、因时而异，故而完整的结论不能通过对群体的研究而获得。——原注

就生气了。

像本能需求一样，浪漫爱情会聚焦在一个特定的奖赏上，那就是心上人，就像饥饿会聚焦在食物上一样。而情绪，比如恶心，会固着在种类繁多的对象和想法上。事实上，浪漫爱情和许多不同情绪有关联，表现为哪一种则取决于这份愿望得到了满足还是遭受了挫折。

像本能需求一样，浪漫爱情并不和任何特别的面部表情有关。而所有的原始情绪——包括愤怒、害怕、高兴、惊讶和恶心——都有刻板的面部外观。

像本能需求一样，浪漫爱情极其难以被控制。举例来说，抑制饥渴比控制像愤怒这样的情绪要难得多。

最重要的，所有这些本能需求和中枢多巴胺水平的提高有关。浪漫爱情也是如此。

像所有其他本能需求一样，浪漫爱情是一种需要，一种渴求。我们需要食物，需要水，需要温暖。而恋人们觉得他/她需要心上人。柏拉图在 2000 多年前就得到了它的真谛，爱神"活在需要之中"。

爱的复杂化学

毫无疑问，很多大脑系统都对这种"渴望的涌动"有贡献，这是荷马对它的形容。你应该还记得，我最初假设去甲肾上腺素可能参与其中，因为它和多巴胺的联系是如此紧密，产生了那么多相近的感觉和行为。我仍怀疑去甲肾上腺素对浪漫激情有贡献，美中不足的是还没有通过恰当的实验来证实这假设。

低水平的5-羟色胺会带来强迫性思念——这是浪漫爱情的核心组成部分。所以我觉得某天我们或许也能够发现这种化学物质对深情爱慕的贡献。[1]

大脑前额叶皮层肯定与此有关，这一堆大脑区域的组合位于前额后方，被称作"中央执行器"，因为它会搜集来自我们感官的数据，衡量它们，整合想法与感觉，做决定，以及控制我们基本的本能需求（见85页图）。我们正是在此处做出推理、思考和决定的。利用前额叶皮层的很多区域我们还会监控奖赏。一些部分和尾状核有直接联系。[2] 总有一天会有人证实前额叶皮层的那些区域是用来帮助指挥浪漫爱情的这一曲协奏的。

但我们已经开始得到关于爱的本能需求的一些理解了。

这是个多么优雅的设计啊。这份激情从大脑的马达——尾状核——中涌出，被至少一种天然的最强兴奋剂多巴胺所加强。当一个人的激情得到回报时，大脑就驶向积极情绪，像是欣喜和希

1　尾状核中有好多去肾上腺素和5-羟色胺的受点（Afifi and Bergman 1998）。但是不是当人感到浪漫激情时，这些受点区域也活动起来了，需要更进一步的研究。——原注

2　大脑前额皮层的几个区域与监控奖赏有关。周围前额皮层特别地与探测、觉知和期待奖赏有关（Schultz 2000），以及区分不同奖赏和选择偏好（Schultz 2000；Martin-Soelch et al. 2001；Rolls 2000）。与附近的中间前额皮层一起，我们经历我们的情感，给我们的觉知赋予意义（Carter 1998；Teasdale et al. 1999），指导我们涉及奖赏的行为（Öngür and Price 2000），产生我们的情绪（Öngür and Price 2000，P，216），选取偏好（Öngür and Price 2000，P，215）。尾状核有大量的神经束，直接投射到周围前额皮层和中间前额皮层（Öngür and Price 2000）。这些大脑区域在我们的一些受试者中活动了起来，但不是全部的受试者都这样。这些差异可能由于fMRI技术上的困难，或因为受试者处于略微不同的情绪状态，使得略有不同的大脑区域活动起来。我们对群体对象的分析不足以明示这些微妙的差异。——原注

望。当一个人的爱被拒绝或挫败时，大脑就把这种动机和消极情绪关联起来，如失望和愤怒。与此同时，前额叶皮层区域掌控着追求，策划着谋略，算计着得与失，把某人的进展和目标挂钩：在情绪、生理甚至精神上和心上人产生结合。

"大脑——比天空还要宽广——"艾米莉·狄金森写道。事实上，这个 3 磅(约 1.4 千克)重的团块可以如此剧烈地产生需求以至于全世界都为这份浪漫而歌唱。而且，为了把我们的生活搞得愈发复杂，浪漫激情还错综地卷入了其他两种基本的生殖需求：性需求，以及和一位对象建立深层依恋的需求。啊，爱的网，这些力量是如何滋养了生命的火焰。

第 4 章

爱之网：情欲、浪漫和依附

04

爱是个弯曲物

没有人足够聪明到

知道它里头到底有什么

因为他会想着爱

直到星辰消失

阴影将月亮吞噬

啊，便士，铜便士，铜便士

一个人不能爱得太快

——威廉·巴特勒·叶芝《铜便士》

爱"既甜蜜又悦耳，像太阳神阿波罗的鲁特琴，以他的头发为弦，当爱开口时，众神的声音响起，叫天堂被谐调来催眠"。爱是一种谐调，就像莎士比亚写的那样，有时也是不和谐音。愉悦、亲切、怜悯、拥有、狂喜、崇拜、渴望、失望：呈现万花筒的模式，需求和感觉被一个天上的神灵拴住，随着它最轻微的语言和笑靥而不停变换摇摆，随着希望、欢愉和渴求而旋转。复杂极了，它的名字叫作"爱"。

然而，随着时间和环境的变换，自然也将一些新的和弦织进了这支交响曲。浪漫爱情深深地和两种生殖需求缠绕在一起：情欲——寻求性满足的渴望；依恋——平静、安全、和一个长期伴侣结合的感觉。

这两种基本生殖需求在大脑中形成了不同的回路，每一种形成了不同的行为、希望和梦想，每一种也和不同的神经化学物质有关。不管在男人身上还是女人身上，情欲都是睾酮激素所引起的。浪漫爱情和一些天然兴奋剂如多巴胺，或者还有去甲肾上腺激素、血清素等存在联系。男性和女性之间的依恋则主要来自于催产素和后叶加压素等激素。

此外，每个大脑系统都是为了主导生殖的某个方面而演化出来的。情欲发展为驱使个体去寻找性结合，和每个看似有点可能的对象。浪漫爱情的出现则是为了驱使男人或女人把注意力集中在一个更喜欢的个体身上，这样就能更有效地节省宝贵的求爱期和精力。为男女间的依恋而生的大脑回路使得我们的祖先能够和某位特定配偶一起生活足够长的时间，直至把一个小孩带出幼儿期。

这三种大脑网络——性欲、浪漫吸引和依恋——合起来就构成了多任务系统。除了它的生殖目的之外，性欲的任务是用来结交并维持同盟者、带来乐趣和冒险、调节肌肉和放松大脑。浪漫爱情会激发你去维持一段恋爱伴侣关系或驱使你爱上一个新人并引发离婚。依恋感则使得我们能够对小孩、家人和朋友表达真挚的情感，当然也包括心爱的人。

自然是很知道持续之道的，当她有了一个好的设计，她就会坚持这个设计，把它的作用发挥到许多合适的场合去。但是这些环环相扣的需求，最初目的是驱使我们去寻找一系列的性伴侣，选一个来爱，然后对"他"或"她"维持足够长时间的情感专注投入，确保可以共同养大一个孩子——这就是交配游戏的根本。

为了搞懂浪漫激情是如何影响性需求和长期依恋的感情的，我"搭乘"上了乔纳森·施蒂格利茨（Jonathan Stieglitz）的一个研究项目，那时候他还是罗格斯（Rutgers）大学的一个学生。我们遍寻了网上的信息资料，去获知学术论文中关于这三种交配需求——性欲、激情和依恋——如何互相影响。

事实上，浪漫之爱以它的方式编织了其他的大脑网络，既充实又撕扯着我们的生活之锦。

身陷情欲

"我触摸和注视着怎样的臂与肩/压在何等适意的胸脯上，看见了腰下何等光滑的小腹，多么慷慨的小腿，多么有力的大腿，其余都不说了，我完美地经历这些，紧抱她赤裸的身体，她跌倒在怀中，其余的你自己去想吧，她累了，开始吻我，朱庇特你且多多赏我一些这样的下午！"罗马诗人奥维德（Ovid，公元前43—公元17年或公元18年）正是纵身于情欲的芸芸众生中的一员。

情欲是一种原始的人类情感，同时它也是捉摸不定的。追求性满足的渴求也许会突然出现在你开车的时候，对着电视看剧集的时候，在办公室里读书的时候，甚至在海滩上做白日梦的时候。这种渴望和浪漫之爱完全不同。事实上，西方社会的人们很少会迷惑于如何区分爱与性。

即使来自差异性很大的文化环境，人们也很容易就能区分这些感觉。在波利尼西亚群岛的芒艾亚岛上，"真的爱"被叫作"inangaro kino"，表示一种浪漫激情的状态，迥异于身体欲望。在他们母语中，肯尼亚的泰塔人把情欲叫作"ashiki"，而把爱叫作

"pendo"。在巴西东北角的小镇卡鲁阿鲁，当地人会说："Amor
是你有一种想一直和她在一起的感觉，你呼吸的时候想着她，吃
饭的时候想着她，喝水的时候想着她，你总是想着她，没了她你
没法活下去。""Paixao"则属于另一回事，是"性刺激"，而"tesao"
则是"对某个人产生的一种非常强烈的性吸引"。

这些人都非常正确地对几种感觉做了区分。科学家最近就指
出，情欲和爱情是和大脑中的不同部分相联系的，结论来自一个
使用功能磁共振仪扫描一些异性恋年轻人大脑的研究。[1] 实验中
的男性志愿者被要求观看三种录影：一些和色情有关，一些是比
较放松休闲的，一些涉及体育运动。每个志愿者的阴茎都会圈上
一个定制的充气压力套用来记录它们的硬度。这个项目中，实验
对象们的大脑活动模式和那些害相思病的家伙相当不同。

情欲和爱不是一回事。

就像各地的人们都在调配爱药用以催生爱情一样，他们也几
乎试遍了各种春药来引发情欲——意大利谚语中把这叫作"他们中

---

[1]　对动物的研究指出大脑的几个结构与性动机和性表达有关，包括中扁桃核，中
前视区，室旁核，以及导水管周围灰质（Heaton 2000）。使用了 fMRI，阿诺和同事报告
说当雄性受试观看受试录像时，右边的下隔区域有强烈的活动，包括屏状核，其他还有
左边尾状核和豆状核，右边的中枕/中颞回，双边的扣带回，右边的运动感觉和前运动
区域，但右边的下丘脑活动较小（Arnow et al. 2002）。博勒加德和同事也测量了（用 fM-
RI）男人们看色情电影片段的情况（Beauregard et al. 2001）。边缘及周围系统结构中有
活动产生，包括右扁桃核，右前颞带，以及下丘脑。使用 fMRI，卡拉马和同事记录了男
人们和女人们观看色情电影片段的情况（Karama et al. 2002），血氧水平依赖（BoLD）信
号有提高，比如前扣带回，中前额皮层，周围前额皮层，中隔和枕颞皮层，以及扁桃核
和腹纹区。男人在丘脑中表现出活动，下丘脑有显著活动，相比女人在下丘脑的活动大
得多，特别是性欲唤起和行为的性二型区域。在另一个实验中，研究人员测量了 8 位男
性在经历性高潮时的脑活动。血液流在所有皮层区域均减小，除了前额皮层，血液流在
这里戏剧性地增大（Tiihonen et al. 1994）。可能大脑活动的减小正解释了人在性高潮时
对世界的大部分没有知觉。——原注

最老的狮子"。

欲望荷尔蒙

"糖果是花花公子，但烈酒是个快手。"奥格登·纳什（Ogden Nash，1902—1971，美国诗人）讥讽道。世界各地都有人在使用被寄希望能壮阳的物质来引发情欲。当西红柿第一次从美洲翻越过了大西洋，欧洲人认为这种红色水果可以引发性欲，于是把它们叫作"爱之苹果"。鲨鱼鳍、燕窝、犀牛角、咖喱、印度酸辣酱、曼德拉草根、巧克力、鬣狗眼、鱼子酱、蛤蜊、牡蛎、龙虾、鸽子脑、鹅舌、苹果、香蕉、樱桃、枣、无花果、桃、石榴、芦笋、大蒜、啤酒、汗水：气息、味道和药膏，各种令人眼花缭乱的玩意儿都曾被用来吸引不情愿的对象上床。

伊丽莎白一世时代的人们在妓院提供免费西梅，他们相信这能刺激情欲。在过去的几个世纪里，阿拉伯人试图用一种骆驼峰里面的东西引诱尚在犹疑的女人以激起她们的性冲动。普林尼曾写道，河马的鼻子可以玩点小把戏。阿兹特克人在山羊和兔子身上找到了性的魔法，因为这些动物的生殖力都很强。海蛞蝓引起了中国人的遐想，这种奇怪的动物被触摸到的时候会伸长。在历史上，欧洲人会把一种从南欧找来的甲虫碾成粉末状用来唤起性欲，他们将其称之为"西班牙苍蝇"。

进食能够提高血压和加速脉搏，使得体温上升，有时候还会使我们出汗，生理上的这些改变在进行性爱活动的时候也会出现。

也许这就是为什么人们长期以来把很多不同的食物和性亢奋联系起来的原因。但是大自然其实只制造了一种物质用以激发男人和女人的性欲——睾酮激素，还有少许它的亲戚，其他的雄性激素。

这一观点早就得到证实。有着更高的睾酮激素循环水平的男人和女人倾向于更多的性活动。为提升力量和耐力而注射睾酮激素的男性运动员也会出现更多性念，更多晨勃，更多性伴，还有更多高潮；在中年时期服用睾酮激素的女性性欲会大增。男性的力比多在他们 20 岁出头时达到一个高峰，此时的睾酮激素水平也最高；许多女性在排卵期会觉得性欲大增，此时她们体内的睾酮激素也大有提升。

正如提高的睾酮激素会加强性欲，一旦它水平降低也会抑制性欲。不管男女，在岁数渐大时都不再有那么多的性幻想，手淫自慰的频率也会减少，对性事也不再那么热衷。毫无疑问，健康问题、不幸福、过劳、缺乏机遇、懒惰和无聊感等，都会引起性欲消退，但因年龄增长而导致的睾酮激素衰减通常才是性欲杀手。

无论如何，约有 2/3 的中年女性不会经历力比多的衰退，这也是睾酮激素在发挥作用。随着绝经期带来的雌激素水平下降，睾酮激素和其他雄性激素能够更加充分地表达自己。事实上的确如此。一个对中年女性进行的研究发现，她们中有 40% 会抱怨没有享受到充分的性爱。

言及性欲，这事儿其实因人而异，部分因为睾酮激素水平是天生的。就时间段来说会有些波动，每天、每周、每月、每年乃至一生之中都会有。此外，睾酮激素、雌激素和其他身体成分的平衡，还有社会环境以及一大堆其他因素，都扮演了一定的角色影响到我们何时、何地、因何感到性冲动。尽管如此，睾酮激素仍堪称性欲力的核心。这种原生的化学物质会淹没思考中的大脑，如诗人托尼·霍格兰（Tony Hoagland）这样描述性欲："只要欲望在场，我们就不安全。"

男人和女人会被不同的事物激起性欲。无论如何，男人喜欢看，他们容易被视觉带来的刺激引发性欲，甚至在性幻想的时候，他们也会构想出栩栩如生的包含身体部位和交配场景的画面。这种色情环节很可能激增了睾酮激素水平。当雄性猴子看见一只有机会性交的对象或者看到其他同伴和雌性性交，它们的睾酮激素水平会暴增。所以男人去脱衣舞场所或者看裸体杂志时，睾酮激素水平将极大可能地提升并引发性欲。

女人则更为普遍地被浪漫语句、画面和主题电影打动。她们的性幻想也包括了更多的感情、承诺，以及对象更多是熟人。而且女人喜欢屈服。大约有70%的美国人在做爱时会幻想，但方向因性别而异，男人头脑中的主要情节是征服，而女人的幻想中被迫屈服会更为多见。[1]

这种对征服和屈服的喜好和强奸不是一码事。少于1%的男人会享受强迫女人发生性交，与此同时愿意被强迫的女人也少于1%。虽然如此，积极想象"被做"而非"做"的美国女人数量是美

---

1 Laumann et al. 1994；Ellis and Symons 1990. 因为这种性别差别也存在于日本和英国（Barash and Lipton 1997；Wilson and Land 1981)，一些科学家相信这种差别是遗传的。看起来是这么回事。雌性的鸟和哺乳动物静静合作，等待交配的发生。雄性得表现出决定性，以便成功交配。所以雌性的屈服和雄性的征服等信号是重要的交配信号（Eibl-Eibesfeldt 1989)。事实上，个体行为学家伊雷内乌斯设想人类性行为的主旨：男人征服，女性屈服，是由脑的原始区域所产生，并演化以使得所有的动物包括爬行动物、鸟类和哺乳类成功交配。——原注

国男人数量的 2 倍。

危险的、新鲜的、特殊的气味，还有声音、情书、糖果、甜言蜜语、性感的衣着、晃荡的音乐、优雅的晚餐，很多暗示可以引发这种"永恒的渴求"，诗人巴勃罗·聂鲁达（Pablo Neruda，1904—1973，智利人）如是称呼性需求。那么浪漫爱情又是如何影响到这种原始的大脑性欲回路的呢？

浪漫引发性欲？

你肯定注意到过一个现象，就是爱上了之后，对方会诱发你的性需求。小说家、剧作家、诗人和歌者都热衷于描述这种让你想要与心上人亲吻、拥抱和做爱的冲动。

为什么我们身陷爱河时会感觉到这种欲求呢？

这是因为多巴胺，爱的烈酒，也会诱发睾酮这种性欲荷尔蒙的释放。

多巴胺水平升高和性唤起、性交频率、积极的性功能之间的这种联系，在动物界十分常见。举例来说，在雄性大鼠的血液中注入多巴胺之后，就会刺激性交行为。此外，当一只雄性试验大鼠被放在一个发情期雌鼠旁边的笼子里时，它会呈现出性兴奋，多巴胺的水平也会上升。当栅栏被打开，它被允许性交了，多巴胺更是会剧增。

多巴胺也会在人类身上激起欲求。当患有抑郁的男人和女人通过服药来提升大脑中的多巴胺水平时，他们的性需求往往也被提升了。

我的一个朋友，三十出头，讲的一个让我印象深刻的故事便与此有关。她有些轻微的抑郁倾向，已经好几年了，因此最近开始服用一种新的抗抑郁药（此药没有性方面的副作用）用以增促大脑中的多巴胺，使用一个月之后她发现自己不但更多地想到性，而且和男朋友在一起时还能享受多次高潮。我怀疑她这种性欲和性功能上的突然改变是因为她每天服用的促多巴胺药片也引发了睾酮的释放。

这种多巴胺和睾酮的正相关也能解释为什么人们在度假、尝试一些新的床上技巧或和新的对象做爱时会感到那么性感。新鲜的体验会使大脑中的多巴胺上涨——因此它们也可以引起睾酮的释放。

去甲肾上腺素，另一种可能在浪漫爱情中扮演了某种角色的刺激物，同样也会激发性欲。那些使用安非他明（俗称"兴奋剂"或"速度"）的瘾君子表示，他们的性需求是持续的。这种充沛的性欲力可能根源于同样的生物等式：安非他明极大地促进了去甲肾上腺素（和多巴胺）的分泌，而去甲肾上腺素会刺激睾酮的产生。

再一次提醒：所有这些化学物质的剂量，还有它们在大脑中的释放的时间是不同的。这些互相作用既不直接也不简单。但一般来说，多巴胺和去甲肾上腺素会引起性欲，很可能是因为睾酮水平的上升。因此一点也不奇怪，新恋人们会整夜待在一起互相爱抚。这种浪漫的化学物质点燃了天性中最强有力的欲求：交配本能。

浪漫爱情和情欲之间的这种化学联系是有演化意义的。毕竟，如果浪漫爱情演化出来是为了激发某个个体去和一位"特殊的"其他个体结为伴侣，那么它也应该激发想要与意中人发生性关系的需求。

性欲会引发爱情吗？

从另一方面来讲，会不会反之亦然？性欲能刺激爱的产生吗？你会不会和"仅仅是朋友"甚至陌生人上床之后，突然间发现自己爱上了他或她？

奥维德，一个有过很多风流逸事的男人，他坚信强烈的性吸引能激起人们去爱。不过很多人也都知道，性欲不见得都会引发浪漫的爱慕。很多当代的性解放人士会和他们不爱的人发生性关系，一些甚至经常和"朋友"上床。但是，天晓得，他们从来没有对这些床伴产生过激情的喜悦。性欲并不一定走向爱情的激情和迷恋。

事实上，有大量反例证据存在。为了塑造肌肉而注射人造雄性激素的运动员不会在用药的时候爱上谁。当一些中年男性和女性为了刺激自己的性欲而注射睾酮，或在多处身体部位使用睾酮膏，他们的性幻想什么的会增多，但是他们也不会陷入恋爱。大脑中的性欲回路不一定会点着浪漫的火炉。

这也并不是说性欲永远不会引发浪漫爱情。它可以的。我一个中年朋友就是绝佳的例子。她和一个"仅仅是朋友"的人保持性关系已经 3 年了。不过她也告诉我这都是偶尔的，每年他们也就发生两三次性关系。有一个夏夜，他们做爱完大概 5 分钟之后，她突然深深地爱上了他。就在那一刻，强迫性的想念、渴望和欣喜若狂就开始生长了。在接下来几个星期和几个月里，她晚上躺在床上会思念他，守在电话旁只为听到他的声音，为了赢得他的心而穿得很性感，并且幻想和他一起生活。幸运的是，他也爱着她。

"Naso pasyo，maya basyo."尼泊尔西部的当地人使用这个无感情色彩的谚语来表达一种相同的现象，它的意思是："老二"进去，爱就来了。

我相信在这种对性伴侣产生的自发的爱中，生物性起到了极大的作用。性活动会提升雄性大鼠大脑中的多巴胺和去甲肾上腺素水平。即便没有性活动，升高的睾酮水平也会提升多巴胺和去甲肾上腺素的水平，同时抑制 5-羟色胺的水平。简而言之，性欲荷尔蒙会激发大脑释放浪漫激情的灵药，当我的朋友和"仅仅是朋友"的那个人拥抱及性交的时候，我想她触发了脑中的浪漫回路而陷入了恋爱。

这个"老套的黑色魔法"[1]也是一种变化的力量。爱情化学物质可以激发性欲化学物质，性欲的点燃也会激发爱情化学物质。这也是为什么和不想与之有牵扯的人发生性关系会很危险。虽然你只是想偶尔找点乐子，但或许会坠入情网。

浪漫激情和依恋感之间也有某种特殊的关联。

1　"老套的黑色魔法"（*That Old Black Magic*）是一支 20 世纪 40 年代的流行歌曲，多次被翻唱。——译注

依恋之中

"谁命令他们的渴望之火刚刚点燃，就要冷却？"诗人马修·阿诺德如是哀悼浪漫爱情的消逝。

爱会随着时间变化。它变得深沉、平静。情人们不再整夜相谈或拥舞到天明。疯狂的激情、狂喜、渴求、萦绕于心的想念、爆发的能量：全都消失了。但如果你足够幸运，这个魔法会自动变身为新的感觉，安全、舒服、平静，与伴侣合为一体。心理学家伊莱恩·哈特菲尔德把这种感觉叫作"伙伴之爱"，一种和另一个已与你深深纠缠的生命在一起的快乐感觉。我把这种复杂的感情叫作"依恋"。

就像男人和女人都能以直觉区分爱情和性欲一样，人们也能很容易地分辨爱情和依恋。

尼萨（Nisa），一位来自博茨瓦纳地区卡拉哈里（Kalahari）沙漠的布须曼女子，以简洁的言语向人类学家玛乔丽·肖斯塔克（Marjorie Shostak，1945—1996，美国人）解释这种男女之间的依恋。"当两个人第一次在一起时，"她说道，"他们的心简直像在火上烧一样，激情四射。过了一段时间，火冷却下来了，这也是它还能存在下去的原因。他们会继续爱彼此，但用了另一种方式——温暖的、相互依存的。"

肯尼亚的泰塔人也会同意这观点。他们说，爱会以两种方式到来，一种是"生病一样"不可抗拒的渴望，还有一种是对彼此的持久喜爱。巴西人有一句诗谚用来辨别这两种感情的不同：爱在一瞥中生出，于一笑中长成。而对于朝鲜人来说，"sarang"是一个和西方概念中的"爱"相近的词，而"chong"更接近于长期依恋的情感。不过说不定美国第二任总统夫人阿比盖尔·亚当斯（Abigail Adams，1744—1818，约翰·亚当斯之妻）才是最深谙此奥义的，她在1793年写信给约翰时说："岁月消磨了爱的激情，但替代以另一种友情和根深蒂固的喜爱，它抵制了时间的报复，与此同时这性命攸关的火焰得到延续。"

依恋化学物质

科学家开始检查这个大脑系统，依恋，几十年前，英国精神病医生约翰·鲍尔比（John Bowlby，1907—1990）就提出人类已经演化出了一个天生的依恋系统，包含着特有的行为和生理反应。无论如何，直到最近，研究人员才开始明白是哪种化学物质制造了这种与长期伴侣融合的感觉。现在大部分研究认为是后叶加压素和催产素，这两种主要由丘脑下部和性腺产生的密切相关的激素，导致了很多和依恋有关的行为。

但为了搞清楚这些激素是如何让人产生与一位心爱之人互相融合的感觉的，我必须重新为你介绍前面讨论过的美国中西部"居民"：草原田鼠。你可能已经想起来了，这种棕灰色、和老鼠很相近的啮齿目动物会结成伴侣来抚养后代，超过90%的草原田鼠都保持了终生只和一位伴侣在一起。几年前，神经生物学家休·卡特(Sue Carter)和汤姆·因塞尔(Tom Insel)以及其他一些人找到了它们的雄性如此具有依恋性的原因所在。当雄鼠射精时，大脑中后叶加压素水平的增高，触发了它对结成伴侣和抚养后代的热情。

所以后叶加压素是引发男性依恋感的自然鸡尾酒吗？

为了验证这个假设，科学家将后叶加压素注射到了实验室中喂养的"处男"田鼠体内。这些雄性立刻开始针对其他雄性做出一些保卫领地的行为，这是一种配对后的表现。当它们被介绍给一只雌性田鼠时，瞬即表现出了要独占的行为。然而，当这些科学家阻断了它们大脑中的后叶加压素之后，这些雄性田鼠就表现得与花花公子无异——和一只雌鼠结成伴侣，然后抛弃她去找其他的交配机会。

自然给了雄性哺乳动物一种化学物质：后叶加压素，让他拥有一种父性本能。

催产素：另一种忠诚鸡尾酒

"所以我们一起生长，就像一对樱桃，像是分开的，却又是分开的一个合体，两个可爱的莓果从同一枝干长出。"很少有诗人去描述持久的依恋之情，可能因为这种动力很少能使一个人在夜深人静时咏出多情诗句。以上莎士比亚的句子是个例外。依恋感在所有的鸟类和哺乳类身上都是一种常见的感情，因为它不仅和后叶加压素有关，也和催产素有关——这是自然中无处不在的相关激素。

和后叶加压素一样，催产素在丘脑下部形成，此外在卵巢和睾丸中也能形成。不同则在于，催产素是所有雌性哺乳动物（包括人类女性）在生育过程中释放的。它们会引起子宫收缩、刺激乳房产生乳汁。如今科学家已经认为催产素能够刺激母婴之间产生情感联系。

更重要的是，很多人现在也认为催产素和成年男女的依恋感有关。

毫无疑问，你一定感受过这两种"满足荷尔蒙"的威力，有时候后叶加压素和催产素就是被这么称呼的。性交时，我们在两个紧要的时间点分泌出它们：刺激生殖器和乳头的时候，以及高潮的时候。在高潮中，男性身上的后叶加压素水平迅速升高，而女性身上则是催产素水平迅速升高。这些"抱抱化学物质"无意增进了和一个心爱的人做爱后产生的那种融合、亲密的感觉，以及依恋。

那么这种依恋化学又是如何影响欲望和浪漫之爱的呢？

性欲会抑制依恋吗？

和依恋有关的化学成分对性欲和浪漫情感也有着非常复杂的影响。

在一些环境下，睾酮激素也会提升动物身上后叶加压素和催产素的水平，促生更进一步的依恋行为，如互相理毛、标识气味和守护巢穴。有时候，情况也会反过来，催产素和后叶加压素能够提升睾酮激素的生产水平。[1] 一言以蔽之，依恋化学物质可以激发性欲，而性欲化学物也会促进依恋的表达。

但是所有这些荷尔蒙也会彼此产生一些负面的影响。睾酮激素水平的升高在某些时候是可以抑制后叶加压素和催产素的水平的，而后叶加压素的升高也会导致睾酮激素水平的下降。这种性欲和依恋之间的相对关系有"剂量依赖"，它程度不同地依赖于几种激素的数量、时间和互相作用。但是睾酮激素过高的确会减少依恋程度，这在人类身上得到了很多证据的支持——有时候会带来灾难性的后果。

睾酮激素基线水平高的男性结婚少，婚外情较多，滥交更明显，并且离婚更频繁。随着一个男人的婚姻不稳定，他的睾酮激素水平也会升高。离婚会使得他的睾酮激素水平升高更多。单身男性也会比已婚男性的水平高。

相反的情况也可能发生：随着一个男人对自己家庭越来越依恋，睾酮激素水平会降低。事实上，在孩子出生时，准爸爸会经历一个非常明显的睾酮激素水平下降。甚至当一个男人抱着一个小孩时，他的睾酮激素水平都会下降。

这种睾酮激素和依恋之间的负相关在其他生物身上也可以看到。红衣凤头鸟和蓝松鸦的雄性都会快速地找一个又一个雌性，它们从不坚守在后代的身边守护。这些不检点的父亲的睾酮水平都很高。那些会形成一夫一妻结构并守护在婴孩旁边的物种，无

1　Sirotkin 和 Nitray 1992；Homeida 和 khalafalla 1990. 当一只雄草原田鼠与一只雌鼠同居时，后叶加压素和睾酮激素的水平上升（Wang et al. 1994）。后叶加压素引起依恋的表达，气味标志，以及梳毛等行为（Winslow and Insel 1991b），同时睾酮激素可能使得它具有攻击性以保护巢穴不受闯入者侵犯。——原注

论如何，其雄性在繁殖季节的育儿阶段中睾酮水平都会低得多。科学家通过手术把睾酮注射到了一夫一妻制的雄性麻雀身上，那些忠贞的父亲就会抛弃它们的巢、它们的孩子和妻子去追逐其他雌性。

就像我曾说过的那样，这些性欲和依恋化学系统之间产生的交互是非常复杂和多变的。但有数据显示随着两人长成"同一枝干上的两个可爱莓果"，依恋化学物质也能抑制性欲。这也许说明了为什么具有长期稳定婚姻关系的男女倾向于花更少时间在床上做爱。

但说到浪漫之爱呢？驱动浪漫之爱的多巴胺，会怎样影响大脑中的依恋麻醉物后叶加压素和催产素？结合和依恋的深刻感觉是增强还是压制了浪漫之爱？

浪漫和依恋

自然并不简洁，她喜欢各种选项。浪漫神经递质和依恋荷尔蒙之间并没有明确的联系，这种情况也适用于所有这类化学物质之间的互相作用：视情况而定。

在一些环境下，多巴胺和去甲肾上腺素会刺激催产素和后叶加压素的分泌——有助于提升一个人的依恋感。但催产素增加（在男人和女人身上都发现了这一情况）会干扰大脑中的多巴胺和去甲肾上腺素的作用通道，降低这两种刺激性化学物质的作用。因此，依恋化学物质会抑制浪漫化学物质。

事实上有大量观察性证据证实过依恋和浪漫相应化学物质之间的负关联。世界各地的人们都表示，浪漫的兴奋会随着婚姻或伴侣关系变得稳固、舒适和安全而衰减。一些人甚至去求助于精神病专家或婚姻咨询专家，试图刷新和伴侣之间的浪漫激情；一些人则去婚姻之外寻找刺激；一些人就索性离婚了；还有很多人在缺乏浪漫欣喜的长期伴侣关系里拖延着、煎熬着。

对于自然安排的这种命运，我的感觉很复杂。首先，如果浪漫激情无限增长的话。我们中大多数人都会因性爱过度而力竭身亡。在"他"和"她"之外我们还要准时去工作或集中注意力于其他事。此外，随着浪漫之爱渐趋成熟，它经常会扩张为数百种复杂和满足的依恋感，而和另一个活生生的灵魂产生错综的、有趣的、情感上有回报的结合。

与此同时，我认为你也能保持最初的浪漫着迷之火，即便是在一段长期舒适的关系中，这一点会在第 8 章讨论。

但是为了保持这个魔法你必须在大脑里玩点技法。为什么呢？因为浪漫之爱并非是为了帮助你维系一段坚固、持久的伴侣关系而演化出来。它的演化出于不同的目的：为了促使祖先的男人和女人们倾向于选择和追求特定的伴侣，然后开始交配过程并且对"他"或"她"保持足够长时间的忠诚来生产一个孩子。孩子出生之后，无论如何，父母需要一套新的化学物质和大脑的工作网络，作为一个组合那样来养育他们的婴儿——依恋化学物质。作为结果，依恋化学物质经常会抑制浪漫的狂喜，用一种更深的感觉来取代，即只与一位伴侣产生结合。

爱的构架

尽管爱的正常演化轨迹是浪漫激情逐渐变为更深的依恋之情，但这三种大脑回路——性欲、浪漫、依恋——可以以任何组合的方式被触发。

在传统的西方模式过程中，你先是遇见一位男人或一位女人。你们一起聊天、一起欢笑，然后开始"约会"，很快地，或者循序渐进地，你坠入爱河。随着情意逐步升级，你的性冲动开始处于高峰活动期。然后在一起度过几个月或几年快乐的时光之后，你澎湃的浪漫激情和生猛的性饥渴开始减退，被一种狄奥多·芮克（Theodor Reik，1888—1969，美国心理学家，是弗洛伊德早期最杰出的弟子之一）称之为"残晖"的情绪——依恋——所取代。在这个局面里，浪漫引发了性欲，然后随着时间推移，这种原始的激情和欲望成为一种情感结合和承诺——依恋——的纽带。

不过，性欲、浪漫和依恋也能以其他的顺序来拜访你。你或许会和一个只是对其有性冲动的对象开始一段私情。几个月里你们不定期地发生性爱。然后有一天你开始感觉到了某种占有欲。很快你与"他"或"她"坠入爱河。你们的情感随着时间而深深纠缠。在这个案例中，欲望推进了浪漫，然后带来了依恋。

还有伴侣是以依恋开始他们的关系的。他们在大学宿舍、办公室或彼此的社交圈里，很快实现了一种情感上的联合。他们快速成为朋友，而随着时间推移，这种依恋变为浪漫激情，最终引发了欲望。

唉，我们中的许多人在生命中某一阶段，这三种交配需求——情欲、浪漫和依恋——并不是集中在同一个人身上的。看起来人类的命运便是如此，我们从神经上是能够在同一时间爱两个人的，你可以对长期配偶感到深深依恋，同时对办公室或社交圈里的某个对象感到浪漫激情，同时在看到一本书、一部电影或做一些和前两种伴侣无关的事情时感到性冲动。你也可以从一种感觉穿梭到另一种感觉。

事实上，当你躺在夜晚的黑暗之中，你会被和伴侣之间的依恋感所包围，然后很快你又会对一个刚刚遇见的人产生疯狂的浪漫激情，接着因为一张毫不相干的图片进入脑中而产生性渴望。随着这三种大脑回路互相作用，尽管它们是分别独立的，你也会觉得自己的脑子里简直像开了一个联合会议一样热闹。

"爱是疯狂。"就像歌儿唱的那样。情欲、浪漫、深度依恋会以不同的、预想不到的组合来拜访你，很多人相信这些带着你跳进跳出的混合感受是神秘的、难以捉摸的，甚至是从天而降的。但一旦你开始把情欲、浪漫和依恋想象为三种特殊的交配需求，每一种都会产生许多层次的感觉，以无数种不同的方式无限制地组合和重新组合，爱就变得有形了。哪怕是古希腊人详尽制定的爱情纲要也显得合情合理了。

爱的类型

古希腊人是世界上最厉害的析爱大师。他们会用 10 个以上的词语来区分不同的类型。心理学家约翰·阿兰·李（John Alan Lee，1933—2013）将这些词语中的重叠部分去掉，精减为 6 个词。但依我看来，每个都像是一种来自大脑中三个交配回路的混合：情欲、浪漫和依恋。

这些词中最被歌颂赞美的一个是"eros"，这是一种富有激情、性吸引力、肉欲、快乐以及精力四溢的爱，为一位特别的伴侣而生，我认为它是一种情欲和浪漫的联合。

"Mania"是一种痴迷的、嫉妒的、非理性的、占有的、依赖的爱。大多数人在热恋中都十分狂热、无逻辑，同时占有欲强烈。

"Ludus"是拉丁词，比赛或游戏的意思，这是一种好玩的、不严肃的、无承诺的、疏离的爱。这类有情人可以在同一时间爱不止一个人，对他们来说，爱是一个剧场、一种艺术形式。它看起来好像是一种大脑贪欲的变体，和乐趣以及欢乐有关。

"Storge"是一种满怀柔情的伴侣关系，兄弟般的、姐妹般的、朋友似的爱，是一种深厚的特殊情谊，但缺乏情绪上的表现。这类人更倾向于谈论他们的兴趣而非感情。正如蒲鲁东（Pierre-Joseph Proudhon，1809—1865，法国小资产阶级思想家、无政府主义创始人之一）所言，这是"没有狂热和愚蠢的爱"。对我来说，它是一种依恋形式。

"Agape"是一种优雅的、不自私的、负责任的、全部付出的、利他的，常常是精神性的爱——另一种形式的依恋。这类恋人把自己的柔情当作一种责任，而非激情。一些人甚至愿意放弃这份感情，只要是对心上人更好。因此他们会心甘情愿向一位对手投降。

最后一个是"pragma"，一种基于相容和共识的务实之爱。这是"购物单"式的爱。务实派恋人会计分，他们看重的是关系中的收益和损失。这些男人和女人不会付出额外的牺牲或情感。对他们来说，这种关系中的核心是友情。我基本上不认同这种是爱。

有大量心理学文献在讨论爱的类型，也涉及爱的不同成分以及爱的风格。一种普遍被当代社会科学家接受的爱的概念来自罗伯特·斯滕伯格（Robert Sternberg，美国耶鲁大学社会心理学家）。

斯滕伯格将爱分为三个基本成分：激情——包括浪漫、身体上的吸引和性渴求；亲密——与温暖、贴近、联系和结合有关的各种感觉；承诺——决定去爱某人和承诺维系这段爱。对他来说，迷恋只是由激情构成，浪漫包含着激情和亲密。完美的爱是由激情、亲密和承诺共同组成的。空虚之爱仅仅包括承诺，用姿态示爱，然而只是通过承诺来维系保持在一起的关系。喜爱是基于亲密，没有激情也没有承诺。愚蠢的爱是有激情和承诺的，但缺乏亲密。

爱的疯狂交响

"爱是这样自相矛盾的组织，以这样多态的形式和色调存在着，以至于你几乎会对它说你喜欢的任何说辞，且很可能是正确的。"维多利亚时期的行为科学家亨利·芬克爵士（Sir Henry Finck，1854—1926）这么宣称。浪漫之爱显然有着最精妙的变异和错综多样的关系，与它同源的生殖需求、情欲和依恋也是如此。爱是一首有着很多音符和弦的交响乐。

事情更复杂的一面是，为爱而生的大脑网络和许多其他基本需求的回路有所融合，包括许多情绪、记忆和想法。所有这些成分为我们的浪漫增加了奇异的深刻、微妙和风味。

显然我们的情感对浪漫激情是有促进作用的。人类的情感是一个连续体，从那些基本的、几乎不可能被掩饰的（比如厌恶），到嫉妒这种我们很容易就隐藏。基本的情感是普遍存在的、天生的、无意识的、快速表达的，以同样的面部表情呈现在各处，难以伪装，并且经常难以控制。其中包括害怕、愤怒、欢乐、悲伤、厌恶和吃惊。

显然爱的驱动会不时征用所有这些基本情感，当你觉得有一种不可抑制的冲动让你去给"他"或"她"打电话时，你可能会被一种担心恋人和其他竞争者一起出去了的恐惧所包围，接下来你又会欣喜若狂，因为"他"或"她"接电话了，并且说"我爱你"。接下来你又会大受打击，因为你计划和"他"或"她"一起享用午餐或晚餐，结果却落空了。

　　浪漫之爱也和一些更加复杂的情感有关。尊重、钦佩、感激、同情、担忧、害羞、怀旧、悔恨，甚至是对公平的感觉。哲学家迪伦·埃文斯（Dylan Evans）将这些称为"更高的认知情感"。因为它们没有快速反应或与特定面部习性相联系，不同社会背景下的人们会在不同时间以不同方式来表达，男人和女人经常能隐藏和伪造它们。在我们经历爱的阵痛之时，会呈现出这些复杂情感中的许多种。

　　平静、紧张、满足、焦虑、微微的痛、微微的快乐，还有其他普遍的身体状态也对浪漫感觉有所促进。如神经生物学家安东尼奥·达马西奥（Antonio Damasio）所指出的那样，这些"背景情感"提供了身体的景观，这些持续的情感会伴随着更强烈的情感和动机退潮或奔涌。只在偶尔的片刻，这些背景状态会被你意识到。但这些紧张、痛苦和欢乐的暗流显然将我们对一位心上人的感情上了色。

　　最引人入胜的是，这些情感和动机的框架在人脑中是分了等级的。举例来说，恐惧会克服快乐，嫉妒能抑制柔情。类似的联系很多。但在基本情绪、背景情感和强大驱动的排序中，浪漫爱情处于一个特殊位置：最接近顶端，在尖峰，在制高点。这种激情能控制我们吃饭睡觉的需求；它还会抑制恐惧、愤怒和恶心；它可以做到让一个人无视对家庭对朋友的责任，甚至超越生的意念。如济慈所说："我可以为你去死。"

　　"我是如何爱你？让我数一下方式。"伊丽莎白·布朗宁（Eliza-beth Barrett Browning，1806—1861，英国女诗人）写道。的确，有那么多的方式。像钢琴上的和弦，浪漫激情的感觉和无数其他情感、需求和想法一同奏响，能够在不同琴键上产生各种不同的旋律。并且，每个人的思路都有些差异。一些人易于快乐，其他人易于平静、焦虑、害怕或愤怒。一些人有着永不满足的好奇，一些人是很棒的搞笑能手。科学家认为人的性格中 50% 是天生的，剩余部分则由我们的成长和环境来塑造。但是我们都分享着这种神奇的、魔鬼似的事物，它叫作：浪漫。

你和我要怎样才能在茫茫人海中找到"特别的"另外一个？是什么让我们选择了"他"或"她"？

第 5 章

初时不经意的狂喜：选择谁？

05

在我们这世上的某处等待着

一个孤独的灵魂，另一个孤独的灵魂，

在疲惫的时间里追逐；

奇妙地遇上一个突如其来的目标，

他们像金黄花朵与翠绿叶片那样交融

变成一个美丽而完备的整体，

生命的漫漫长夜宣告终结，而前方的路

向着永恒白昼敞开。

——埃德温·阿诺德爵士《某些地方》

"她是如此不可思议之美以至于我差点大声叫出来。她……是饥饿，是火，是毁灭，是瘟疫……那个唯一真实的造物。她的胸部简直意味着世界末日，会在帝国自行消失之前将它们推倒……她的身体是个建筑奇迹……毫无疑问她华丽。她是不加节制的，她是黑暗的、不屈的赠予。简而言之，她让人脑门充血……那大大的紫罗兰眼睛……带着奇特闪烁……千年流逝，文明尽毁，而宇宙的光芒检视着我那充满缺陷的人格。我脸上每个痘痕都成了月球上的坑。"

这是理查德·巴顿（Richard Burton，1925—1984，美国男演员）第一次见到 19 岁的伊丽莎白·泰勒（Elizabeth Taylor，1932—2011，美国女演员）时的想法。为什么一名男子走进了满是迷人女子的房间，和其中多位他认为有魅力的女子交谈过后，会彻头彻尾地只爱上其中之一？为什么一个有着众多追求者的女人在见到一名男子之后，须臾之间就在脑中撩起了浪漫的激情？为什么一个人能把我们大脑中的回路全部点燃，而对其他同样也很可爱的人我们却无动于衷？为什么是"他"？为什么是"她"？

时　　机

"我们怎么能够从舞蹈中认识舞者？"威廉·巴特勒·叶芝问道。或许你的心早已在一个派对或办公室里或海滩上被一个人刮走了。然后，你想要知道，自己是否只因为那个时刻而激动。你对于爱的渴求以及希望被爱上的想法改变了你的观点——把一只青蛙变成王子或公主。你把舞蹈和舞者混为了一谈。

即使是在你对它的期待最少之际，爱仍然能被触发——纯属巧合。在一个派对上，一位完美的伴侣可能就坐在你的身旁，而你可能根本不会注意到他或她，如果你在工作机构或学校里十分忙的话，或者身处另一段关系，或者在情感上已经被他人占据。

但如果你刚刚踏入大学校门或者只身一人来到一个城市，刚刚从一段不满意的关系中复苏，开始尽可能地赚钱来养家糊口，非常寂寞或者从一段艰难经历中走过，或者闲暇时间太多，那你陷入爱河的时机就成熟了。事实上，那些情感被唤醒的人，不管是快乐、悲伤、紧张、害怕、好奇或其他一些感觉，更容易被这种热情所进攻。

我猜这是因为所有被激发的精神状态都和大脑中的唤醒机制有关，同时也伴随着压力荷尔蒙水平的升高。这些系统都会提高多巴胺的水平——如此就建立起了浪漫激情的化学基础。

接　近

"啊，我在她的旁边找到了魔法。"诗人埃兹拉·庞德（Ezra Pound，1885—1972，美国人）写道。很对，接近也能点燃这种狂喜，我们趋向于选择那些在我们身边的人。

这一点被特里（Terry）很优雅地表达出来了，这是一个加拿大男人，最近给我写了这么一封信：

亲爱的费舍尔博士，在我"谈恋爱"的那些年里，我对于将要与之结婚的女人有一些期望。她必须是这、那和其他一切！我竟曾忽视了一位美丽、善解人意、无私的女人，就住在我家后面的院子！她并不符合我的任何"期望"，但是我们开始约会，同居，并且爱上了彼此，并且在一年后结婚。如今，15年过去了，我们的关系非常良好，并且每天持续发展。我想自己要说的是，退一步，看看你的周围。不要斤斤计较每个小细节。也许你的精神伴侣比你想的要离你更近。

很多其他隐藏的力量在你择偶过程中发挥了作用。它们中有一位叫作：神秘感。

神　秘　感

不管是男性还是女性，都经常被那些他们发现有神秘之处的异性所吸引。就像波德莱尔写的那样："我们爱女人的程度和她对我们而言的陌生程度成正比。"那种一个人想抓住难以捉摸、不大可能的珍宝的感觉可以触发浪漫激情。

反之亦然。熟悉会让爱意无法萌生——一个以色列农场中的生活就证明了这一点。这里的小孩子在同一屋檐下长大，和来自不同年龄段的未成年人一起生活、睡觉、洗澡。男孩女孩们在笑闹中接触并睡在一起。等到 12 岁左右，他们开始彼此拘谨起来。然后步入青少年时期，他们之间将形成一种坚固的兄弟姐妹式联结。但是在这个摇篮中长大的人没有一个和农场伙伴结婚的。由此科学家开始想到，在童年中的某个关键时期，大约 3 岁到 6 岁，男孩和女孩们如果很近地生活在一起并且熟知彼此，就会丧失爱上对方的能力。

哺乳动物身上普遍存在憎恶近亲结合的天性，基本上所有有记录的物种的所有个体都不喜欢和亲缘关系近的其他个体交配，它们倾向于和陌生人交配。因此青春期的男性（或女性）会离家出走，去寻找其他群体中的潜在性伴侣。如果一个年轻雄性赖在他的出生社区中，比如恒河猴，他经常会像在母亲身边一样依偎在爱人的怀里，而不是寻求和她交配。在一桩有记录的试图乱伦的事件中，一只雌性黑猩猩激烈地反抗她的兄弟——尖叫、踢打、撕咬，直至摆脱对方后逃之夭夭。

你我都天生地继承了这种拒绝与亲近家庭成员或其他很熟悉的个体结成配偶的排斥力，这种不对味毋庸置疑是为了阻止近亲繁殖——与近亲进行 DNA 融合的破坏性行为。结果，我们自然而然地更容易被成长的家庭或团体之外的人所吸引——那些带着一种神秘感到来的人。

自然甚至给了我们一套大脑回路，为发现陌生人而激动不已。神秘的人都是新鲜的，而新鲜感又和多巴胺水平的升高紧密联系，多巴胺正是浪漫之爱的神经递质。

相异者相吸？

无论如何，"那最初不经意的狂喜"——罗伯特·布朗宁（Robert Browning，1812—1889，英国女诗人伊丽莎白·布朗宁的丈夫）这样称呼爱情——通常会指向一个和自己很像的人。世界上大多数的人确实都对来自同一种族、社会、信仰、教育和经济背景的不熟悉的个体产生多情的化学物质，他们有着相似的身体吸引力、可匹配的智力、相似的态度、预期、价值观、兴趣、社交及交流技巧。

事实上，根据来自美国的一个关于择偶的最新研究，演化生物学家彼得·布斯通（Peter Buston）和斯蒂芬·埃姆伦（Stephen Emlen）报告说，年轻的男性和女性把他们自己视作特定的婚姻型并寻找具有相同特征的对象，从金钱资产和身体资质到错综复杂的人格。举例来说，如果一个女人继承有信托基金，她也会找同样来自上流社会的男人；英俊的男人会找美丽的女人；那些看重家庭和忠贞的人会挑选同样具有这些品格的人。不论男人或女人都会被能分享自己幽默感的人、那些和自己社会观与政治观吻合的人、那些大体来讲信仰一致的人所吸引。

值得一提的是，科学家已经确定了很多相关特征，你在休闲时光做些什么，你的社交态度，甚至你对上帝的忠诚度，都会有来自你基因的影响。所以遗传类型决定互相作用，我们倾向于被和自己像的人所吸引。

人类学家把这种被像自己的人所吸引的倾向叫作"正选型交配"（positive assortative mating），或者"适者交配"（fitness matching）。你实际中选择的特定类型的人，无论如何，已经有些改变。举例来说，当今世界已经有了越来越多的种族间婚配。在美国，这种类型的婚配数量已经达到了 1960 年的 800%。但即使在这个地球村时代，大脑中的火花还是很容易被点燃，在你遇见了一个陌生的，但与你在种族、社会背景和智力水平方面相似的男人或女人的时候。

就像我们会被不熟悉的人所吸引一样，这种选择和自己相像的伴侣的偏好，也很可能是演化的附带品。为什么呢？因为一个胎儿和它的妈妈对彼此而言就是"异乡人"。如果他们携带着相似的化学构成，子宫中的胎儿就会和妈妈更相安无事一些。事实上，基因型相似的人结合，流产率更低，生出来的小孩也更多、更健康。

然而，太相似也并不十分有利。人类至少演化出了一套大脑机制，确保会选择一个稍稍不同的伴侣——至少在化学上。这个发现来自一个"汗衫"实验。女性被试被要求去闻男人的汗衫并指出哪一种是她们觉得"最性感的味道"，她们会选择那些免疫系统与自己不同但兼容的男性。这些女人下意识地被那些能够帮助自己生出更具备基因多样性的后代的个体所吸引。

因此相异者相吸——在当事人的种族、社会和智力的范畴限制之内。

对称： 黄金分割

另一个我们从动物王国继承而来的生物品味是倾向于选择身材匀称的伴侣。身体的对称性有助于引发爱慕，古希腊人就有这个理论。大约 2500 年前，亚里士多德主张有一种普世的身体美的标准。其中的一条，他认为，就是躯体比例均衡，包括对称。这和他很看重的被称为"黄金分割"的想法保持一致，也就是在极端之间保持适度。

现代科学支持了亚里士多德的观点。对称是美的——对于昆虫、鸟类、哺乳动物、所有灵长类和世界各地的人来说都如此。家燕喜欢尾巴比例良好的配偶。部分猴子会更愿意找有着对称牙齿的异性。如果你步入一个新几内亚小村庄，指出谁是篝火边上最美的男人或女人的话，当地人应该会同意你。当研究者们使用计算机把很多脸混合在一起构成一张"平均脸"，不管是男人还是女人，都会喜欢这张平均脸多于其中任何一张单独的脸。它更均衡。即使是两个月大的婴儿都会在一张对称程度高的脸上注视更久。

"美即真，真即美。"济慈在他的《希腊古瓮颂》(*Ode on a Grecian Urn*)中写道。他这句诗令很多人疑惑。但对称之美的确说出了一个基本真理。那些耳朵、眼睛、牙齿和下巴均衡匀称，肘部、膝盖和乳房对称的生物，能够更好地抵御细菌、病毒和其他会引起身体不规则的微型掠食者。通过展示对称，动物也在广而告之自己有较好的和疾病做斗争的遗传能力。

因此人类被对称的追求者所吸引也是一种原始的动物机制，它被设计出来是为了指引我们挑选遗传性更强的交配伴侣。

而且自然也不随便碰运气，大脑天生就会对美丽的脸产生反应。科学家记录下了一组 21 岁到 35 岁的异性恋男性在观看有着美丽脸庞的女人的照片时的大脑活动，发现腹侧被盖区(VTA)"点亮了"。一个同样的反应也发生在我们的扫描中：那些盯着更好看伴侣的实验对象在腹侧被盖区出现了更多的活动。腹侧被盖区里充满了多巴胺——一种神经递质，能够提供精力、欣喜感、集中的注意力和去赢得奖赏的动力。

不奇怪，对称的男人和女人经常有着更多追求者可供挑选。结果极其好看的女人往往会和地位高的男人结婚。杰奎琳·肯尼迪(Jacqueline Kennedy Onassis，1929—1994，美国前第一夫人)就是这种婚配的典范。

身材匀称的男性同样也能得到更多的繁殖机会。他们初次性交的年龄比那些不匀称的同伴要早上 4 年，他们有更多的性伴侣，也有更多的通奸出轨。女人在和对称性高的男人性交时获得的高潮也会更多,即便这种关系在情感上未必令她满足。当一个女人在一个比例良好的男人那里获得高潮时,她的高潮宫缩会吸进更多对方的精子。

我怀疑这些性反应是在她们看着自己匀称的爱人时,她们大脑中的腹侧被盖区产生了多巴胺——这(在一系列的互相作用中)引发了睾酮释放并增强了性反应。

因为对称提高了一个个体在交配游戏中的选择地位,所以女性走上了为此奋斗的漫漫长路,至少要在外观上做到如此。她们在两颊上扑粉让其看起来更为接近;通过睫毛膏和眼线笔,她们又让自己的两个眼睛看起来更一致;口红会使一瓣嘴唇与另外一瓣更配;通过整形手术、锻炼,穿着束带、胸衣还有紧身夹克和紧身衬衫,她们对自己进行了塑形以便营造出男人更喜欢的比例。

自然也会来帮忙。科学家发现在排卵期的时候,女性的手和耳朵会比平常更为对称——此时正当吸引异性的重要繁殖期。女性的乳房在这期间也会更对称。另外,年轻的男人和女人往往特别对称,随着年龄增长,我们会越来越不匀称。

"腰臀"比

黄金分割的均衡感还适用于其他身体比例。

心理学家戴凡卓·辛格(Devendra Singh,1938—2010)做的一个实验里,把一些绘有年轻女性的线条画给一组美国男性观看,并让他们指出哪种类型最具有魅力。大多数被试选择了那些腰围大概为臀围的 70% 的女性。这个实验接下去在英国、德国、奥地利、印度、乌干达和其他若干国家都重新执行了一番。反响有所不同，但大多数的接受调查者都普遍喜欢这一腰臀比。

当辛格从一些非洲部落找来 286 具古代雕像并测量了他们的腰臀比之后，他发现来自女性的这一比例都比来自男性的小，这种情况在印度、埃及、希腊和罗马的雕像上也一样。另外在一个针对 330 件来自欧洲、亚洲、美洲和非洲的艺术作品的研究中，科学家发现大多数女性形象都是以同一腰臀比例描绘的。有趣的是，《花花公子》杂志的插页也偏爱这一比例，美国"超模"也是如此。甚至连崔姬（Twiggy），这个 20 世纪 60 年代的瘦版超模，也有着 0.7 的腰臀比。

女人的腰臀比绝大部分来自遗传，由基因决定。另外，虽然女人和女人之间明显会有所不同，但她们都会在排卵期的时候出现腰臀比更接近 0.7 的倾向。自然为何要如此不遗余力地制造曲线毕露的女人？世界各地的男人又为何都喜欢女人的这种腰臀比呢？

最有可能的解释是演化的必然。

辛格报告说，有着 0.7 腰臀比的女人更能生养小孩。她们在适当的部位储存了适量脂肪——因为体内雌激素与睾酮之比非常高。与这一比例偏离较大的女人会更难怀孕，她们进入孕期的年龄会偏晚，而流产率也更高。蛋形、梨形或棍形等不同体形的女人也经常更易被慢性病折磨，如糖尿病、高血压、心脏病、某些癌症和血液循环问题，她们甚至易于出现各种性格障碍。

因此辛格假设男人容易被特定腰臀比的女人所吸引其实是一

种对健康、生育能力强的异性的天生偏好。事实上，因为这种偏好是如此深地根植于男性心理之中，所有年龄段的男性都表现出了这种偏好，甚至当他们再也没有兴趣做父亲或者追求过了生育年龄的异性时也不例外。

当然，男人还会看重女人的另外一些东西。

男人选择谁

在一个经典研究案例中，科学家让来自 37 个不同社会的约 1 万名志愿者男女对 18 个特征打分，想要知道他们在择偶中在意什么。不论性别，被试都会把爱或者彼此吸引放在第一位，把可靠放在第二位，接下来是情绪稳定、成熟和讨人喜欢的天性。男性和女性都说他们愿意选择和善、聪明、受过教育、合群、健康和对家庭或家族有爱的人。

但研究也发现，浪漫品味还存在一些男女之别。对于可能的伴侣去做评估时，男人往往爱选那些视觉上显示出年轻和美丽等信息的异性。

这些男性偏好千百年来在各种文化中都有记录。古埃及前王朝（公元前 3100 年）的传奇统治者奥西里斯（Osiris），曾被他心爱的妻子伊西斯（Isis）的美丽外形迷得神魂颠倒。他在 4000 多年前就写道："伊西斯撒下了她的网／我便陷落了／在她秀发的套索之中／我被她的眼睛抓住了／被她的项链束缚／被她皮肤的气味囚禁。"

一名尼日利亚蒂夫族的男子曾为一女子的样貌所倾倒，他惊呼道："当我见到她飞舞时小命已经被带走了，我知道自己必须去追随她。"

在报纸和杂志上刊登婚姻广告的美国男性比美国女性更多提及他们要找美的配偶，有该要求的前者比后者多3倍。

平均而言，世界各地的男人娶的妻子都比自己年轻3岁以上。在美国，再婚的男人会选择比自己年轻5岁的女人；如果是三婚，他们要找那种小8岁的新娘。

当被问及为什么人爱慕美好的外形，亚里士多德是这样回答的："没有瞎眼的人都不会问这种问题。"男人毫无疑问地认为好看的女人在感官上就悦目。他们还很愿意把自己光彩夺目的女友或已经娶到手的老婆带到朋友或同事面前炫耀。事实上，人们都倾向于认为好看的女人（或男人）是温暖、聪明、强大、慷慨、友好、礼貌、性感、有趣，经济有保证和受大家欢迎的。

但是演化心理学家现在也相信，男人下意识地喜欢年轻貌美的异性是因为这能给出生殖回报。有着光滑皮肤、雪白牙齿、闪耀明眸、亮泽秀发、紧致肌肉、轻盈躯体和明快性格的年轻女子更有可能是健康和精力充沛的——这是孕育和抚养小孩的好品质。光滑、干净的皮肤和婴儿般的脸部特征也是雌激素水平高的信号，这有助于繁育后代。

所以这些科学家给出的理论是，在我们先辈漫长的狩猎-采集时代，那些选择了年轻、健康、多产的伴侣的男性会获得更多孩子。这些健壮的小孩活下来了——并且把这种对年轻貌美女性的偏好遗传到了当代男性的身上。

恋爱中的男人大脑

"为什么一个女人必须要漂亮而不是聪明?"

"因为男人的眼睛比脑子好使。"

以上是个老梗了,我知道其实很多男人脑子很好使。但这刻薄的说法中的确包含了一丝真理。我这么说,是因为在我们的功能磁共振扫描研究中发现,恋爱中的人的大脑回路出现了一些令人意想不到的结果:某些性别差异。这些发现复杂而多样。男女并不简简单单地恰好各自适用于某个类别,就像所有的性别差异,男女在面对自己心上人照片时的反应都有一个范围区间,有一些还是重叠的。此外,这些不同在所有男人和女人身上都普遍存在。但性别之间显示了统计学上的差异。没有人确切知道这些发现意味着什么。接下来我先推断一下男性,回头再来说关于女性的。

在我们的样本中,针对视觉刺激过程,男人的大脑区域中会比女性有更多活动,特别是在观看脸部的时候。

这一点被演化出来是为了让男人在看见一个年轻、对称的女人时更花力气去爱上她,以得到更好的繁殖赌注吗?也许是吧。此大脑活动也有助于解释为什么男人比女人更容易陷入爱河。当时机成熟,一个男人见到了一个有吸引力的女人,他在身体构造上就具有某个机制,能把动人的视觉特征和浪漫激情联系起来。这是多么有效的求偶装备啊。

确实,我们还发现了另一个性别差异,也可能是演化出来帮助男人进行高效率求偶的。当我们的实验对象在看他们的心上人时，男性大脑显示出更多和阴茎勃起有关的积极活动。这一现象里有达尔文意义。浪漫爱情的非常目的就是促使个体和另一"特殊"个体交配，而这种雄性的反应直接会将浪漫激情与大脑中关联到性唤起的区域相连接。

虽然有些牵强，但这种男性大脑反应或许正好可以解释他们为何如此热衷于支持世界范围内的视觉色情贸易，以及女性为什么比男人更容易把自己的外表作为自尊的重要方面，还有她们为什么如此不遗余力地用各种各样的服装、化妆品、装饰品将自己的"资产"昭示于众。"如果你不能说服我，那么，搞晕我。"美国前总统哈里·杜鲁门（Harry Truman，1884—1972，第 33 任美国总统）就是这样主张的。女人都同意这点。毫不留情地，女人通过视觉刺激利用了男人的大脑回路。

男性的"交配努力"

男性身上另一个癖好也引起了我的兴趣，因为我认为它深深根植于历史当中。心理学工作者报告说，男人总是试图为女人解决她们的问题，通过做一些事情来使得自己显得有用，他们在解救一个落难女子的时候会觉得自己"特男人"。

毫无疑问，由于几百万年来充当女性的保护者和供应者角色，男性大脑中形成了这样一种趋向，即选择他们认为需要的女人去拯救。事实上，男人的大脑构造得十分适合用来协助女人。平均而言，他们在对待机械性和空间性的任务时要比女人有技巧得多。男人是问题解决者。他们的特殊技能中有很大一块在子宫中就成形了，这是因为睾酮激素在发生作用。或许男人演化出这样的生存机制，至少部分是为了吸引、帮助和救助女人。

当坠入爱河之后，男人也比女人要更一根筋一些。在我的问卷调查中，只有40%的女人会同意如下说法：和 _____ 拥有良好关系比和我家人拥有良好关系更重要，而有60%的年轻男性报告说他们认为恋爱关系要放在第一位。不仅如此，即便大多数人的印象中，是女人会去守着电话，改变日程安排，或去办公室、体育场外长时间逗留以等待爱人，我的调查却显示美国男人会比女人更为频繁地改变自己的事务优先级。

男人的这种投入性古已有之。即便是文艺复兴时期伟大的佛罗伦萨诗人但丁，也会在阿尔诺河的一座桥上苦等数个小时，希望和自己爱慕的贝亚特丽斯说上几句话。

男人的这种爱好，可能来自于这样的事实：他们和自己出生的家庭及朋友之间的亲密联系都要比女人少。但是深层的演化驱动力或许才是真正的原因所在。女性是珍稀的卵子资源的守护者。她们花费更多的时间去养育婴儿和小孩，这是一项至关重要的工作。几百万年来，男人都需要证明自己是有潜力的配偶，甚至冒着生命危险去挽救这个生育的容器。

男性也被迫付出更多"交配努力"去赢得求爱游戏。事实上，男性的交配努力在我的调查中清晰可辨。举例来说，男性更担心自己约会时说错话，他们对自己的语言不是很有信心。这很好理解，平均而言，世界各地的女性都要更擅长辨别言语中的细微差别，这是一种和雌性激素有关的能力。但在我的调查中，女性也更多收集情人们写来的卡片和信件。女性不仅通过语言来品味情人，潜意识中她们也会把对方这些交配努力的证据保留下来。

恋爱中的女人大脑

很多心理学方面的文献报告说，两性在热恋之中感到的情感强烈程度是一样的。我怀疑这是真的，他们对此的反应只是有些不同。举例来说，我的调查中有关于这种激情（见第 1 章）显示和男性比起来，更多的美国女性和日本女性报告说当她们确信自己喜欢的人也对自己有激情时会感到"轻飘飘的"。女人对爱情也会有更多强迫性思考。

我们的功能磁共振扫描也在很多方面显示出，我们的女性实验对象和男性实验对象的表现有所不同。当女性在凝视她们意中人的照片时，她们的尾状核和隔膜区域显示出更活跃的迹象——这两处与动机及注意力相关。隔膜区域部分还和情感过程相关。女性还在其他不同区域显示出了活动迹象，包括一处和检索、回溯记忆相关的区域，另一些区域与注意力和情感相关。

同样，没有人知道这些结果意味着什么。但随着你回想起记忆中的某处并流露出情绪，你就会了解自己的感觉并开始把信息拿出来与模板进行比对，这些活动都有助于做出决策。几百万年来，女性都需要在择偶上做出恰当的决策。如果一个女性先祖在恋爱的时候怀孕了，她就要经历 9 个月的妊娠，然后才能把孩子分娩出来。这曾经是（现在也是）相当耗费代谢能量、耗费时间，以及在生理上很危险的任务。而且，一个女性还得抚养这个婴儿度过其漫长的童年和青少年时期。

当一个男性可以看到一个女性身上孕育抚养婴孩的价值时，这个女性却无法通过看来获悉这个男性的"交配价值"，她必须计算伴侣提供保护和供给的能力。这些性别差异促使女性在凝视情人时，自然选择要给她一些特殊的大脑反应，以便唤起那些细节和情感让她借以评估她的男人。

"遗传不过是存储环境。"伟大的植物学家路德·伯班克（Luther Burbank，1849—1926，美国人）写道。在恶劣的远古环境中抚育一个无助婴孩，这项任务通过兴衰变迁，毫无疑问让女性培育出了其他选择配偶的机制。

女人选择谁

在一个通过报纸和杂志召集来 800 名志愿者的调查中发现，希望伴侣提供经济保障的美国女性数量是男性的两倍。很多女医生、女律师和非常富有的女性也乐于寻找赚钱比自己还多、社会地位比自己还高的男人。事实上，世界各地的妇女都更容易被有教育背景、有雄心、有财富、受尊重、有身份地位的伴侣吸引——这些是史前的前辈们就希望在伴侣身上看到的。因此科学家总结道：男人寻找性对象，而女人寻找成功对象。

女人也会被高个子男人所吸引，可能因为高大的男人更容易在生意和政治中获得威望，也显示出了更多的身体防御能力。女性喜欢男人显得自由自在，这状态显示了某种支配权，这样的男人也自信并坚定。女性某种程度上也更愿意选择一个聪明的长期伴侣。她们还对协调性好、强壮、勇敢的男性有兴趣——全世界的文学和传说都证实了这一点。

古代闪族女王伊南娜（Inanna），把她心上人称作"我无畏的人儿/我闪亮的人儿"。在写于公元前 900 年到公元前 300 年的《旧约·雅歌》（*Song of Songs of the Old Testament*）中，这位女子低声吟唱："我的爱人闪闪发光红灿灿/他是一万个人里面最高的/他的手臂好像金棒子/他的腿是大理石柱子。"19 世纪索马里一位无名妇女在诗里面写道："你强壮得就像铸铁，你从内罗毕的金子中涌出，黎明的第一缕光，炙热的太阳。"

不难理解一个男人的自尊和他在工作及社团中的普遍地位紧密相连。也不难理解男人愿意付出健康、安全和闲暇时间去赢得地位。男人凭直觉就知道为了吸引年轻、健康、有活力的女人，他们必须试着显得像铸铁那样无畏和有力，就像发光的太阳那样强大无比。

女人也喜欢有着明显的颧骨和健壮的颌骨的男人——因为另一个无意识的原因。男子气的颧骨和健壮的下颌是因为睾酮而出现的——而睾酮是会抑制免疫系统的。因此只有极其健康的青少年男孩可以耐受得住这一影响存活下来，并长出一张粗犷的脸。并不令人惊讶，在每个月的排卵期，女人甚至愈发地对这种有着睾酮迹象的男人感兴趣。此时她们可以怀孕了，因此在潜意识里寻找有着更好基因的男人。

说来奇怪的是，那些处于更有可能怀孕的状态中的女人也对有幽默感的男人更感兴趣——可能与机智和更敏锐的一般智力有关吧。

生物学家兰迪·桑希尔（Randy Thornhill）相信女性表达了两个基本的选择倾向。在排卵期她们要找好基因的男人，这是在所有哺乳动物身上都发现了的发情迹象；而在生理周期的其他时间段里，她们更喜欢那些愿意承诺的男人。事实上，当被实验人员要求去选择计算机屏幕上的男性面容照片中自己认为最具吸引力的那张时，不管是英国女性还是日本女性，处于排卵期的都倾向于男子气的脸，处于生理周期其他时间段的都更倾向于阴柔女性化的脸。不过新的数据显示，那些单身的女性在排卵期会选择更有承诺迹象的伴侣。

可以预想，女性在所有时间段里都被那些愿意与自己分享阶层、金钱、地位的男性所吸引。事实上，女人在恋爱中会比男人更务实和现实，与此同时男人显得要么更见利忘义，要么更理想化和利他。可能这种女性实用主义正适合用来解释为什么女人比男人更不容易陷入爱河。

偶发激情

两性在选择短期伴侣的时候都显示出了更加灵活随意的特征，像是在度假中或追求其他乐趣的时候顺带来一段暂时性的浪漫。

从历史上来说，女性选择随意挥霍的有资源的男人——大堆的礼物、丰富的假期、奢华的晚餐，还有社交或政治关系。在一段短暂的风流韵事中，女人是没法忍受吝啬的。但是如今的女性比起以前的女性来说，财富更多了，也更独立了，于是她们在寻求偶尔的激情时更热衷于选择高大、匀称，有着轮廓分明的颧骨和粗犷的下巴的男人，这种男人有可能基因更强健。

这些女人中有部分也是通过该方式来检验配偶——看看什么样的男人能被她吸引到。其他一些则利用偶发关系来作为一种保障策略，她们希望在自己的配偶有缺陷或者生病乃至死亡的时候有替补。但许多女人还在用偶尔为之的性行为来"试出"一个适于作为长期伴侣的特殊的人。

心理学家知道这些，是基于和男性比起来，女性对和已婚对象或已经有其他情感关系的对象发生一夜情的热衷要小得多。不仅仅因为这样的情人难以得到，还因为他的资源已被导向了其他地方。而且他在欺骗已经确立的伴侣，就有可能对自己也不忠。很多女性即便在找短期恋爱的过程中也不会降低标准，她们仍然要找健康、稳定、有趣、和善和慷慨的对象。对于女人来说，偶尔的性行为，这个"偶尔"的标准和男人是不一样的。

当男人寻求短期情人的时候，他们倾向于无视一个女人的无脑。他们还选择那些更不灵活、教育程度更低、更不忠诚、更不稳定、更不幽默的对象，甚至年龄跨度也很大。和女人非常不同，他们甚至会被那种有着滥交的坏名声的女人吸引。梅·韦斯特（Mae West，1893—1980，美国歌手、女演员、剧作家）表示："男人喜欢有过去的女人，因为他们希望历史重演。"

当男人考虑一个长期伴侣时，无论如何，他们会变得对基本品格吹毛求疵起来。而说到走上婚姻之路，两性都开始需要更多的理由，这部分是由于他们原生的（常常也是无意识的）生殖需要。

"告诉我一个幻想从何而起，是在心里，还是在脑中？如何产生，如何滋长？回答我，回答我。"我们可以回答莎士比亚提的大部分问题。偏爱对称的异性；男人对年轻貌美者的喜爱还有他们去帮助困境中的女人的需要；女人被男人的财富和地位所吸引。这些生物学上的偏好能潜在地引发大脑中的爱情回路。神秘感，加上背景相似，教育，信仰，都在指引着我们的品味。机遇、时机和靠近程度等因素都在我们的择偶中扮演了重要角色。

但是在所有这些指引择偶的力量中，我想最重要的还是个人的历史，无数来自童年、青少年和成年的经验，都在塑造和重新塑造你一生中的喜欢和不喜欢。所有这些联合起来构成了你潜意识里的心理图表，它被称为"爱情地图"。

爱情地图

我们在记忆的海洋中长大，它慢慢地雕刻着我们的爱情选择。你母亲言语里透露的才智和风格；你父亲对政治和网球的品味；你叔伯对游艇和徒步的喜好；你姐姐对驯狗的热情；你家里人怎么使用沉默、怎么表达亲密或愤怒；你周遭的人怎么花钱；晚餐桌上的大笑次数；你哥哥怎么看待挑战；你的信仰教育和智识追求；你校园好友的过去；你祖母怎么看待礼貌；你身处的团体怎么评价荣誉、公正、忠诚、感恩和友善；老师们崇尚和反对什么；你在电视和电影中看到什么。这些还有无数其他的微妙的力量铸造了你的兴趣、价值观和信念。所以在青少年时期，我们每个人都建立了一系列的求偶态度和方法。

这个图表是独一无二的。即使是同卵双生子，他们兴趣爱好和生活方式相似，宗教信仰、政治倾向和社会价值也相似，仍然会发展出不同的爱情喜好和择偶模式。个人经验中的细微不同都会影响其浪漫品味的形成。

这特殊的心理图表也是极其复杂的。一些人在寻求对自己唯唯诺诺的伴侣，一些人喜欢激烈的辩论；一些人喜欢搞点恶作剧，一些人喜欢可预测、有秩序或可供炫耀的事物；一些人喜欢被逗乐，一些人喜欢有智慧的激发。很多人需要一个伴侣支持自己的理由、解除自己的恐惧，或分享自己的目标。还有一些人为了自己希望的生活方式去选择伴侣。丹麦哲学家索伦·克尔凯郭尔（Soren Kierkegaard，1813—1855）觉得爱必须是无私的，充满对心上人的奉献。但是有些人偏不喜欢溺爱型的伴侣，反过来，他们想要一个可以挑战自己的伴侣，促成自己在智力和精神上的成长。

爱情地图是微妙的，而且难以看懂。一个很好的例子是我的朋友之一，她在成长的过程里有一位酗酒的老爹，已经习惯了家庭中的种种不可预测。于是她下定决心绝不和一个像她那亲爱的老爹一样的男人结婚。事实上，她没有做到，最后还是嫁给了一个没法预测的、混乱的艺术家——这和她潜意识里面的爱情地图是匹配的。

"爱情不是用眼睛去看，而是用心，因此总有一个长着羽毛的丘比特瞎了眼。"莎士比亚如是说。这可能就是为什么我们很难成功把一个朋友介绍给另一个朋友，或者互联网上的约会交友服务总是以失败告终：月老们不懂得顾客们错综复杂的爱情模板。男人和女人常常自己都不了解自己的爱情地图。

情人的心理

数以百计的心理学家都试图了解浪漫伴侣之间的动力学，很多人也提供了为什么我们选这个而不选那个的有趣想法。我来回顾其中的几例吧。

心理学家伊莱恩·哈特菲尔德（Elaine Hatfield）和理查德·雷普森（Richard Rapson）相信成人有六种"依恋型"。"安全型"的男性和女性倾向于选择他们能够亲密靠近的心上人，他们交朋友和维系朋友都比较容易；"善变型"的人很容易厌倦，如果得到了一个情人，他们会不安，如果对方离开了，他们又要去追回来；还有一些"依附型"，他们想和能保持经常性互动的伴侣在一起；"易激型"很容易就感到被逼迫和喘不过气，他们喜欢保持独立，并且想方设法逃离亲密和深层次依恋；"随性型"不大愿意在爱情中投入时间和精力，他们喜欢约会，但是会把读书、旅行或工作等活动的优先级排得比对伴侣的承诺更高；还有一小撮男人和女人对浪漫没有兴趣，他们不会花费心力去求爱。

根据心理学家阿亚拉·派因斯（Ayala Pines）的观点，我们会选择和父母相似的伴侣，因为和父母之间有着未了的问题，我们的潜意识想在成人后去解决这些早年的关系。哈维尔·亨德里克斯（Harville Hendrix）认为我们会选择那些有过差不多的童年创伤的伴侣而且会滞留在同样的成长阶段。默里·鲍恩（Murray Bowen）相信我们会选择那些表现出了和自己同样水平的"特异性"和身份独立性的伴侣。我们在寻找有能力对付焦虑的伴侣。心理学家辛迪·阿藏（Cindy Hazan）和菲利普·谢弗（Philip Shaver）丰富了约翰·鲍尔比（John Bowlby）和玛丽·安斯沃思（Mary Ainsworth）的理论，称我们会依循和母亲的关系来构建恋爱模式并形成依恋，分为"安全型""焦虑-矛盾型"和回避型。

艾略特·阿伦森（Elliot Aronson）会坚持诗人西奥多·罗特克（Theodore Roethke，1908—1963，美国人）所描述的感情。"爱带来爱。"他主张人们选择他们认为爱自己的人；这种信念会引发一系列愉快的经历并带着他们走向红地毯。莎士比亚笔下的比阿特丽斯（Beatrice）和贝尼迪克特（Benedict）是该观点的最佳印证，他俩都是因为听说对方爱上了自己之后才爱上对方的。狄奥多·芮克（Theodore Reik，1888—1969，美国精神分析学家）相信男性和女性会选择满足自己重要需求的对象，也包括自己缺乏的品质。芮克这样形容："告诉我你爱谁，那么我就可以告诉你你是谁，特别是，你想成为谁。"

毫无疑问所有这些看法中都有部分真理存在。但它们其实都是根据一个基本的论点来的：我们每个人都有独特的个性，是通过我们的童年经验和特殊的生物性来塑造的。这个基本上无意识的心灵结构指引我们爱上某个人而非另一个人。

个体"爱情地图"可能在婴儿期就开始发展，因为我们要对无数环境力量做出适应，它们会影响我们的情感和观念。莫里斯·桑达克（Maurice Sendak，1928—2012，美国绘本作家）睿智地指出，儿童时期是"该死的严肃事务"。随着我们进入学校，结交新的朋友，我们投入到了许多会深远地塑造自己喜欢什么、不喜欢什么的迷恋中。随着在青少年时期发展出了更多持久的爱情事件，我们也持续地扩张了个人的心理图表。随着在人生的风口浪尖打拼——经历了一些浪漫的惨剧——我们修剪并丰富了这个精神模板。

当你步入一个有着潜在伴侣的房间，你的大脑会携带着极其大量细微的、多数为无意识的生物和文化偏好，这些都有可能毁坏或点亮浪漫激情。

更为复杂的是，我们的追求者本身也有着巨大的多样性。你可曾见过两个一模一样的人？我没见过。人类个体的多样性是十分明显的。一些人是耀眼的音乐家，一些人能够写感人的诗，修建桥梁，有高超的高尔夫技艺，凭记忆出色地背诵莎士比亚剧本中的角色段落，在舞台上把俏皮话讲给很多人听，对宇宙做统一的哲学思考，效率极高地做关于上帝或责任的布道，预言经济模式，拥有将士兵带上战场的感召力。这些都只是开始。自然赋予了我们看起来无穷尽的个体多样性用来选择——即便在我们的社会、经济和智力背景的范畴内。

但这正是本章的重点所在。我坚信，随着人类突出的多样性的演化，我们形成了用来择偶的基本机制——人类浪漫爱情的大脑回路。

求偶心理

为什么我们如此不同？

我在这个问题上的思考根植于查尔斯·达尔文关于性选择的迷人观点。

达尔文曾经为他在自然中看到的各种装饰物所困扰。[1] 深红的翎颌、蓝色的阴茎、悬吊的乳房、旋转的舞姿、悠扬的颤音，特别是孔雀那笨重的尾羽。他觉得这些似乎多余的装饰品反驳了他的理论，那就是所有演化出来的特征都得有一个目的。他抱怨道："当我盯着孔雀尾巴上的羽毛看的时候，就会感到不舒服。"

但是随着时间的推移，达尔文开始相信所有这些浮华的装饰演化而来都是出于一个重要的目的：吸引配偶。那些有着最好的求偶展示的个体，他推断，能够吸引更多更好的交配伴侣，这些好"打扮"的个体获得的后代也多——并且把他们身上看似无用的装饰代代相传了下去。他把这个过程叫作性选择。

1　Darwin（1859/1978，1871/n. d.）。达尔文（1871/n. d.）区分了两种性选择：内部性选择，同一性别的成员演化出特征以便与另一成员竞争，取得交配机会；互相性选择或"交配选择"，一个性别中的个体演化出特征，因为异性的喜欢。雄性北美麋是达尔文的第一种选择的一个好例子。这一附器可以用来在繁殖季节恐吓其他雄性麋。达尔文的第二种选择是本书的中心：交配选择。人类女性乳房是很好的例子。不像乳头，这些多肉的附器在哺育中没有什么用途；它们演化出来大半是因为原始时期的男性喜欢。事实上，科学家把这些由交配选择而演化出来的附属物称为"适应性指标"，因为他们是极端明显的，很消耗代谢能量的，很难造假的，在日常生存斗争中却很无用（Fisher 1915；Zahavi 1975；Miller 2000）。正因为这些特征是碍事且"残疾"的，只有最适应的生物才能制造和拥有它们（Zaravi 1975）。这一原因使得这样的特征令人印象深刻。——原注

在一本极具原创性的著作《求偶心理》(*The Mating Mind*)中，心理学家米勒(Geoffrey Miller)补充了达尔文的性选择原理。他主张人类也演化出了让潜在交配对象印象深刻的夸张特点。

米勒指出，人类的智力、语言天分和音乐能力，我们创造视觉艺术、故事、神话和戏剧的冲动，我们对各种运动的喜好，我们的好奇心，我们解决复杂数学问题的能力，我们的德行，我们的忠诚信仰，我们的慈善冲动，我们的政治信仰、幽默感、八卦需求、创造力，乃至我们的勇气、好斗、坚韧和友善对于生存来说都太奢侈了，过于增加代谢耗费。我们的祖先需要这些高级资质仅仅是为了生存吗？那黑猩猩也该演化出这些能力。问题是它们并没有。

因此，米勒认为所有这些非凡的人类能力是为了赢得交配游戏而演化出来。我们是"求偶机器"，他写道。那些能够说出诗一般的语言，熟练地画画、灵活地跳舞或有煽动力地进行精神布道的人被认为是更有吸引力的。具有这些能力的男人和女人生出了更多的孩子。逐渐地，这部分人的能力就在我们的基因密码中镌刻下来。而且，为了彼此有所区分，祖先们也"术业有专攻"——于是创造了我们今天在人类个性中看到的巨大多样性。

米勒承认在简单形态下，这些特征中的许多是有利于祖先们在非洲大草原上的生存的，这些能力有很多用途。但是这些能力会变得越来越复杂，因为异性喜欢它们并且愿意选择那些有语言、音乐和其他才能的配偶。他的结论是："大脑在月光下演化。"

我同意米勒的论点。以语言为例，我们的祖先只需要几千个单词和简单语法建构就可以讲"来了只大狮子"和"把坚果扔过来"，但是那些辞藻华丽的诗歌、悦耳动人的音乐和许多其他的复杂人类潜能之所以被演化出来，至少部分是因为男性和女性都不厌其烦地展示他们的交配品质。

但祖先男女们是如何在追求者中挑选出这些非凡特征的？一些大脑机制必然是"炫耀选择者们"在"炫耀制造者们"向自己展示奇妙的旋律、抒情的曲调和其他华丽特征的同时演化出来的。

关于生物实际上是如何对这些求偶炫耀做出反应并由此选择其中某个人而不选择另一个人，达尔文提供了一些观点。他相信这个选择过程某种程度上和对于美丽的欣赏有联系。所有物种的雌性，都会被那些展示出美貌的雄性所吸引。但达尔文没法描述出这种吸引如何发生在大脑层面上，他非常迷惑地写道："找到证据证明它们欣赏美丽的能力，无论如何，是很难的一件事。"

米勒也提到了这个困境。在"炫耀制造者们"这些特征演化出来的同时，"炫耀选择者们"也一定有些大脑的响应机制，使得他们在求偶信号中做出分辨，更喜爱某些，进而选择一个特殊的交配伴侣。

因此他认为，随着我们卓越的人类大脑和身体能力的演化，"心理机制"或"性选择装备"也会出现，用来分辨和欣赏那些求偶伎俩。因此，祖先们发展出了对语言天分，在岩石上画画的能力，迷人的讲演，精神意志力和其他萌发中的人类才能的品味，以及辨别、记忆和判断这些求偶暗示的能力。

但对于到底是什么让选择者们选择一种求偶特质而不是另一种，米勒没有提供实质性的建议，他仅仅说那是大脑中一种像"一把大的愉悦尺子"的东西，而内啡肽（天然的止痛剂）可能有参与其中。

　　我提出的看法是这把愉悦尺是大脑中的浪漫爱情回路——大部分是由尾状核和其他奖赏回路所组成的多巴胺网络精心编制的。随着祖先男女们在仔细筛查自己的交配机会，最初用来制造动物的互相吸引的大脑回路演化成了人类的浪漫爱情——为了帮助选择者来选择一个特定的交配伙伴，劲头十足地追求这个心上人，并且将自己寻求交配的时间和精力都投入到这个繁殖奖励中去。

　　从什么时候、什么地方开始，我们的祖先需要复杂的语言能力和无数惊人的禀赋才能赢得交配机会，以及，为什么会如此？黑猩猩可不需要诗歌或吉他音乐来成为一个好情人。是什么促发了这许多人类特殊才能和浪漫爱情脑回路的演化？

　　正如诗人约翰·德莱顿（John Dryden，1631—1700）所述，这一切都开始于"高贵的野蛮人在丛林中狂奔"。

06

泉向着河涌入，

河向着海涌入；

天空云彩永在汇合，

带着一份甜蜜情感；

世上没有什么是孤单单；

万事万物皆因自然之律

互相交融——

为何我不能与你在一起？

——珀西·比希·雪莱《爱的哲学》

"我似乎已经以无数种形式，无数次，爱过你，一生接着一生，一代接着一代至永世……而今它堆积在你脚下，在你身上找到终点，所有往昔的爱恋都已去不再返。"印度诗人泰戈尔（Rabindranath Tagore，1861—1941）在诗中表达了他对一位女子久久难以覆灭的激情，而那份情感多年以前便已埋在了脑海里。事实上，我们大脑中深埋着我们种群的整个历史，也包含了所有的神经回路，那是祖先在歌唱跳舞、分享智慧与食物之际形成的，为了给所爱之人以及朋友留下深刻印象，他必须去做些示爱的举动，随后，才能与一位"他"或"她"共赴爱河。

我们是怎样形成这种求偶以及恋爱的方式的呢？坏布尔[1]用不着在给提娅洗澡时写一首诗来证明他是象王；河狸斯基普找到

---

[1] 坏布尔和提娅是《大象记忆》（*Elephant Memories*）一书中写到的一对大象情侣。参见本书第 2 章。——译注

了他的小美女并且在春天的晚上交配，也用不着唱摇滚给母河狸听以获得赏识；小公狗米莎爱上了另一只叫作玛利亚的小母狗，只不过因为她对他摇了摇可爱的尾巴而已。虽说所有的动物都有择偶偏爱性，而且大部分也都演化出了各种各样的"求爱羽毛"去搞晕它的潜在对象，但除了人类以外，还没有哪种其他生物会选择如此过度的炫耀和展示来达到目的，比如写个十四行诗啦，跳个伞啦什么的。

正如心理学家米勒所言，人类许多不同寻常的特征，如华丽的语言技巧，对运动的热爱，对宗教信仰的狂热，幽默和道德感，等等，都过于奢侈，在代谢上花费巨大，对于生存竞争来说是没有必要的，它们的出现，至少在部分意义上，是为了帮助我们参与并赢得交配游戏。

在他的理论基础上，我进一步提出过，除却这一整套光彩夺目的求爱装饰物之外，人类男女还必须发展出一套特殊的大脑网络，方能对这些特征做出响应，称为浪漫回路。这种激情从动物性的互相吸引发展而来，其出现是为了驱使我们每个人在这场求爱大表演中去认准一个特殊的人，和"他"或"她"共赴一支专为对方而起的爱之舞。

只是米勒未曾告诉你我，何时、何地以及为何人类会演化出这些特殊的技能，我也没有解释过我们的种族如何发生这种转变：从只能短暂地感知吸引，到决定和一个特定的男人或女人生死与共。在漫长的演化历史中，一定发生了一些深刻的事件，才使人类产生了爱的需求。

树上的爱

800 万年前，东非大地上密布着棕榈树、无花果树、野梨树、常青树和其他各种各样的树，这里也居住着我们最后一批林居祖先。关于他们的日常生活形态，人类学家缺乏直接的证据去描述。不过这批祖先们的日常起居也许和现在的黑猩猩很相似。人类和黑猩猩在 DNA 上有着 98% 的相似度，"一般的"黑猩猩和他们体形较小一些的近亲倭黑猩猩仍然生活在原始的东非环境的遗址中，黑猩猩展示了许多我们共同祖先都拥有的特征。

如同现在的普通黑猩猩和倭黑猩猩一样，我们的祖先生活在群体氛围之中，通常由百八十号男男女女组成，睡在高高的树冠上，随着晨曦而苏醒，跳到丛林的地面上，在共同家园的范围内游荡，他们会以个体或小群体的规模两两遇见，分享食物和进行社交活动。这些先祖们知道谁是家人、谁是朋友和谁是敌人，他们时常交谈，五十来种不同叫声和三十来种手势运用自如。

和现在的黑猩猩一样，他们可能已经使用石头锤子来敲坚果，用树枝做成的木签来剔牙齿，用草料填充的餐巾纸来擦嘴巴。他们也可能会像黑猩猩一样投掷石块和树枝来争夺统治权、猎杀猴子、分享肉食，和"邻邦"打仗以夺取地盘。这当中有一些捣蛋鬼、一些领袖人物，具备勇敢、爱使诈、好奇或好战等种种品质。很多人既交友也树敌，摘下枝丫以赠友人，争端起时自动结盟，以及，会在垂死的亲人身边哀伤地逗留。

他们还要过性生活。现在的黑猩猩和倭黑猩猩绝对位居地球上最热衷于性的动物排行榜前列。他们会亲吻——很多时候是缠绵悱恻的"法式热吻"，手拉手走路、拥抱、友好地拍对方脑袋、互相鞠躬、在女性每月发情期的大部分（如果不是全部）时间里交配。但我们的这些祖先也和黑猩猩或倭黑猩猩一样，是没有固定伴侣的。

在发情期的最高峰，女性祖先会和一个男性祖先离开群体，在私密的状态下交配。但这种结合将非常短暂，两人之间卿卿我我、非君莫属的关系一般不会超过几天或几个星期。

他们也不会坠入爱河。毫无疑问我们的这些早期亲戚们和其他生物一样会有所谓的"嗜好"，但还没有对单独个体表现出强烈的注意力聚焦——与此相反的是，这一点在人类罗曼史中却非常常见。而且他们可能永远也不会形成结伴抚养幼崽的连理关系。因此，和黑猩猩一样，这些祖先中的妈妈们也得独自把小毛头拉扯大。

即便如此，我们那些栖息在树上的祖先也一定已经感觉到了某个交配对象比别的更为吸引自己，这种吸引力最终将发展为人类的浪漫爱情。人类到底是在什么时候、什么地方，以何种方式开始了这种具有新鲜活力的爱的呢？无人知晓。但在我想来，这一切应该发生在东非的古人猿从树上走下来，开始艰险的地面生活并决意去构筑一个崭新世界之后不久。

人类的一大步

2002 年，人类学家报道说，他们在非洲中部国家乍得的北部地区发现了一具几乎完整的原始人头骨，有下巴和若干牙齿，当地人把他叫作"图迈"。

在六七百万年前，一些古代亲戚们就住在那儿，附近有个清浅的湖能够提供新鲜水源，他们或许在河岸边的茂盛林子里度过了生命中的大部分时光，有一些则试图去往开阔的、铺满绒毯一般青草的大平原冒个险之类的。他们或许跟随秃鹫去寻找被啃噬大半的羚羊或角马的尸体，最像勇士的那些或许还朝着大狮子扔过棍子和石头，把它们赶跑后窃走它们的食物。有一些在沼泽中跋涉，避开泡在水里的河马，去抓一只乌龟，或拦住前来饮水的小羚羊。

这些远亲的事迹该点到为止了，事实上我们对他们知之甚少，今日所见的残骸甚至无法表明他们是用两只脚还是四只脚走过那些漫漫长路的，不过"图迈"已经具有人类的风范了。没错，他的大脑未见得比黑猩猩大，但他的脸部要扁平得多，下巴更像人，牙齿也更像人，以及他和他的亲戚们肯定有求爱、交配和繁衍后代方面的活动。

他们的孩子们会生子，他们的孩子的孩子的孩子也会生子。因为在 350 万年前，更多的类人猿穿越到了东非的森林空地、开放一些的林地或稀树大草原里漫游。人类学家发现了几百个化石头骨和牙齿。这些人发生了变化，他们的脚、腿、臀和颅都证明这些男人和女人是直立行走，用的是两条腿而非四条腿。

我要歌颂这人类的一大步，随着在臀部上方平衡颈和脊椎，腿开始延长，固锁住了膝盖，脚后跟着地，并且长出了大趾甲，他们简直可以毫无困难地前行了。

这一简单的创新可以改变我们在地球上的大部分生活。因为行走，先祖们可以搬起石头投向黑夜里尾随着自己的豹子和狮子；因为行走，他们可以带棍子来挖掘根和块茎；因为行走，他们可朝着巢居在草丛中的小动物投石块。两足运动也解放了他们的手用来做手势，也解放了嘴巴用来讲话。随着行走、采集和搬运，我们的先祖们开始了迈向现代的未知旅程。

这都是事实，现在该讲道理了。我认为这人类的一大步给女性带来了问题：她们被迫要抱着自己的孩子而非背着它们走路了。在树上的时候，他们的四足类猿祖先还是把幼崽放在后背上的。在那个枝叶茂盛的世界里，母亲可以用手自由地采摘果实和蔬菜，她也可以轻而易举地蹿上高处以摆脱掠食者。但是随着我们的祖先开始离开树林，踏上平原的大陆，同时还要带着树枝和石块以收获午餐，我想女性承受了过重的载荷。

一个年轻的妈妈怎样才能在一只手抱着重达 20 磅（约 9.1 千克）的蜷着小身子的婴儿的同时用另一只手去挖树根和抓小动物呢？她又如何在手上携带着一大件东西的时候逃离饥肠辘辘的正在舔舐肉骨的狮子？我认为早期的女性开始需要能够帮助喂食和保护自己的伴侣了——至少在她们还带着孩子的时候。

随着这种配对绑定对于女性来说变得必不可少，男性对此也开始适应了。一个男人怎么可能保护并赡养一大群的女人呢？即便他成功地吸引到了一大群女人，其他的男人也会加入这个队伍来对女人们示爱，甚至偷走其中的一个或几个。但是一个男人能够供给并守卫一个女人和他们待哺的孩子。

因此随着我们的先祖们适应了地面上的危险生活，配对绑定开始对女人有了至关重要的意义，对于男人也有了实际意义。一夫一妻制——人类在一个时期只和一个个体形成配对的习俗——由此演化出来。

我们有证据表明一夫一妻制很早以前就已形成了。最近科学家重新对生活于 350 万年前被称为阿法南方古猿（*Australopithecus afarensis*）的先祖的骨骼大小加以测定，发现雄性的比雌性的大一点。其差异程度就如同现代人男性在体形上和现代人女性的差异一样。人类学家常利用这种同一族群不同性别体形上的差异来判定他们生活在什么社会单位里。这种同样程度的体形差异意味着早期的亲戚们和我们现代人生活在同样的社会单位里，他们是"以一夫一妻制为主"的。

科学家甚至找到了先祖们一夫一妻制的基因证据。还记得草原田鼠吗？那些在青春期后很快结伴而居，一辈子都在洞穴中成双成对地生活，和老鼠很像的生物。神经生物学家汤姆·因泽尔（Tom Insel）和他的同事在这些动物身上发现了一种额外的 DNA 位点，是能够控制大脑中后叶加压素的分泌的，在它们那喜欢乱交的表亲山地鼠身上就没有发现这种 DNA 位点。这些科学家从草原田鼠身上提取了这种 DNA 把它嵌入到高度乱交的山地鼠身上之后，后者也开始和特定的雌性结成一对一伴侣关系了。

人类身上也有着类似的控制后叶加压素活动的基因密码。一些人(不是所有的)在这个基因中携带了同样的额外 DNA 物质。有一天我们会清楚地了解这个基因区域在人身上做了什么,为什么有人有而有人没有。现在我们能够说的是:很久很久以前,人性被要求去成双结对来养育他们的幼崽——因为我们的 DNA 中被埋下了至少一个为一夫一妻行为而存在的基因。

"两个人比一个人好",《圣经》是这么说的。我想我们的先祖在 350 万年前就已然领悟了这句箴言。

离异的演化

但我仍然不明白为什么这些原始的配对需要持久不变。在这个世界上任何一处允许离婚的地方(经济也允许的话),许多人都这么做。如果你追问为什么结束一个联结,一千个人给得出一千个理由。人类的分裂有着各种模板——这些版本中的一部分似乎在该物种诞生的襁褓期就开始演变发展。

得出以上结论,是基于联合国人口统计年鉴中记录的来自 58 个不同人类社会的数据。我发现了世界各地令人惊异的离异模板。当然,也有很多例外。但是作为一条规律,全世界的伴侣们都要闹分手,并且倾向于在结婚后的 4 年中或 4 年左右分掉,那时他们大约 25 岁,可能已经有一个需要抚养的小孩。

一开始,这些模板对我来说是无意义的。后来读到了一些其他生物的交配习性,我就开始思考这当中不寻常的相似之处了。

哺乳动物中，只有 3% 的种类是结对抚养后代的，人类便在其中；但事实上这种习性仅仅是在特殊的环境下发生：当雌性哺乳动物无法单独抚养婴孩的时候她们就需要找个搭子。

比如说狐狸。雌狐在 2 月中旬会觅来一个伴儿，建几个洞穴，然后一起承担这一切。它们需要这么做，因为雌狐一窝会生下 5 个左右嗷嗷待哺的小家伙，这些小家伙一落地是既瞎又哑，而妈妈奶水微薄，不得不一直待在家中给孩子们哺乳。但如果没有谁来喂她的话，她自己也要饿死。如此就得通过"结对"来要个特殊"朋友"以便一起养他们的孩子。到了盛夏，孩子们离开了洞穴，爸妈就可以说拜拜了，他们的工作已经完成。下一年，这对狐爸狐妈或许会再联手一次，但更多情况下是另行结对。

在人类那些长羽毛的朋友当中，系列式的一夫一妻制就要普遍得多。公园里赏心悦目的知更鸟在繁殖季节找到配对的同类。显然，它们也要分分工，其中一方得负责孵蛋，还有保护小雏鸟，另一方得为全家准备伙食。成功的夫妻可以生好几窝。但是，随着最后一只幼鸟拍拍翅膀飞离而去，大鸟们也分飞而去。到了第二年，多数还是会找个新伴侣。

所以，在那些成双结对抚养后代的物种中，双方会维持一段在一起的状态，只不过要让期限长到足以使得它们共同的孩子度过婴儿期。

这条规律看似也适用于人类。在一些传统社会，习惯性锻炼、少脂肪的饮食、偏低的体重直接导致婴儿需要更长的养护期，加上打乱生物钟的哺乳，因此抑制了正常的生育排卵周期，延长到孩子出生后数年。这包括南部非洲的布希曼人、澳大利亚的土著、新几内亚的盖尼人、亚马孙流域的雅诺马马人、奈特西里克爱斯基摩人，在这些文化中，女性分娩后仍需要照顾她们的孩子 4 年左右的时间。作为结论，人类学家们推测出在人类的漫长史前时期，四年一度的生育周期是较为常见的模式。

因此，这个周期的长度也和世界各地的离婚周期长度相仿。

于是我得出了以下原理：或许和知更鸟、狐狸还有其他系列式一夫一妻制的生物一样，350 万年前的人类祖先也是如此，找个伴侣配对，待在一起的时间长到足以将一个小孩带出幼儿期即可——大约是 4 年。当一位母亲不再需要经常性地呵护和照看一个幼儿，可以将它交给外婆、阿姨、姐姐、表亲或其他年长一点的年轻人，自己腾出时间外出采集食物，她也不再需要一个全职伴侣以确保孩子能够存活下去。事实上，要是找到了更喜欢的男人，她可以和配偶"离婚"。早期的离婚甚至有遗传上的好处：那些"再婚"的男人和女人可以找不同的伴侣生养更小的孩子——这样就带来了血统上的多样性。

实业家亨利·J.凯撒（Henry J. Kaiser，1882—1967）曾说过："困境是穿上工作服的唯一机遇。"随着系列式一夫一妻制演化发展了无数代之后，我认为这种习惯性的人类实践被选择进入了短期依恋大脑回路。一些人类才有的概念便随着这种不寻常的革新而来，如"父亲""丈夫"和核心家庭，还有在长期关系中变得不安分的倾向，以及从一段关系中挣脱出来去寻找下一段关系的嗜好：系列式一夫一妻制。

然而，是否便是这种形成短期伴侣的趋势，成为萌发人类浪漫爱情的小火花？

可能的确如此，可能随着早期的雄性与雌性开始配对，作为团队抚养婴儿，黑猩猩和其他生物对"特殊"配偶的吸引力变得越来越强烈和持久，当这种吸引力渐渐退去，强烈的附属感开始生发。当他们的孩子蹒跚学步了，好吧，我想很多夫妇开始另觅新欢。其中一些仍然保持待在一起生更多的小孩；更多其他人找到了新浪漫——无意识地被驱使，去生更多不同血统的后代。

但 350 万年前的求爱过程一定会比今时今日简单得多。我这么说是因为这些南方古猿的颅腔容量在 420 毫升左右，仅仅比黑猩猩的颅腔容量大一点，而化石头骨中残留的大脑组织痕迹显示其中的语言区域还没有长起来。他们不会像人类一样说话。还有，这些先辈们并没有在岩石壁上留下绘画，没有自家产的笛子和鼓留下来。他们甚至没有做过打火刀和其他类型的石头工具——那些是成为人类的标记。我们的先辈们还没有发展出语言或其他求偶工具，而我认为只有和这些伟大的求偶才能一起演化，人类的浪漫爱情才有可能花繁叶茂。

为了达到求偶的目的，这些南方古猿先辈们需要依靠自己在群体中的地位，以及他们和黑猩猩差不多的智慧和魅力。他们或许会被一位配偶所深深吸引，甚至几年之后都还保持着这种依恋，但多数还是去找新欢了。

"噢， 勇敢的新世界"

早在 200 万年前，莎士比亚的《暴风雨》中米兰达（Miranda）想知道的人类勇敢新世界就已经出现了。新人类开始在大平原——如今的肯尼亚和坦桑尼亚——上游荡起来，他们是能人（*Homo habilis*），使用手的人。

人类学家如今发现了大量未完成的工具散落在东非大草原上。一代又一代能人一定来过这个空旷的场所，制造出了石锤、刀子、砧，以及其他一些工具，留下了燧石薄片和一块块没有完成的火山岩、黑曜石、石英岩和石灰石，他们的技巧并不纯熟，也仅仅懂得敲凿一块石头的两边，令其出现锋利的边缘或锐点而已。但是这些工具已经比同时期的其他任何生物制造出来的要高级太多。

我们的能人先辈们还聚集在看起来像肉食加工厂的一片区域，用力拖他们的猎物，坐下来剔去骨头上的肉。在这里我们大约找到了 2500 种工具和动物骨头。这些先辈们显然会猎取各种大型动物。原始斑马、马、猪、猴、瞪羚和其他类型的羚羊是他们狩猎的对象。而且因为这些动物太大了，无法由个体来单独消费，因此我们的这些亲戚们一定是在社会规则下来分享他们的战利品。

他们也留下了一些可以作为浪漫爱情之证据的痕迹。

这些猎人中的一些在一只倒下的大象身边留下了好几打石头工具。所有的骨头都保存了下来，除去它的象牙和脚趾。是不是他们挪走了这些附属物作为打猎时的护身符呢——或者，作为爱情信物？是不是猎人们把这些纪念品拿去用来赢得"特殊"女孩的注意？

我假设了这些可能性，是因为这些人正在变得更聪明。一位生活在大约 180 万年前的能人，住在今天景况很不好的肯尼亚库比福勒地区，其脑容量开始达到了平均 775 毫升，他的朋友和邻居们的平均容量为 630 毫升。同样令人印象深刻的是，一个 180 万年前的头骨在其里侧有一凹口，此处容纳着一个现在被称为布罗卡区的脑区。人类使用这个脑区来形成文字和创造语音。

说话。关于人类语言演化的理论是如此之多，以至于 1866 年巴黎的语言协会就曾宣称他们不再接受任何有关议题的文章。但这个声明没有阻止任何人。我不会提供另一个详尽的理论，不过，由于布罗卡区在 180 万年前已有在人脑中成形的迹象，我们有理由相信一些先辈已经开始使用某种原始语言说话了。

语言的目的一目了然。把无意义的噪声排列和重排成词语，把词语用语法串起来成为句子，能人中的男性和女性可以哄骗敌人、教授技能、叱责骗子、传播新闻、建立规章、制止泪水、定义亲戚、慰问神灵和回溯数年前发生的事情。

人类最早的对话很可能是谈论天气。我这么说是因为我经常惊讶于今天的人们仍然如此郑重并不厌其烦地讨论这一话题。毫无疑问我们的先辈们还要讨论诸如斑马从哪条路上走，哪个悬崖是黄昏时狒狒们聚集的地方，峡谷边缘已经成熟的甜瓜，为什么玛拉的小宝宝在夜里哭这样一些话题，他们或许会表达成百上千种想法，关于昨天、今天和明天。

利用这些词语他们也能求爱。男人和女人可以用有见地的想法讲聪明的故事、唱性感的曲儿、引诱可能的恋人。利用词语，我们的先辈们就能去奉承、诱惑和调戏了。他们也能搬弄流言、追忆往昔和与恋人窃窃私语。随着原始语言逐渐浮现，我们的先辈们一定已经开展了无穷无尽的人类谈话，并且是和"他"或"她"在一起。

正是在人类进化的这段时间里，我感觉大脑中为动物两性吸引所设置的回路进入了人类模式：浪漫爱情。我的这一提议建立在一系列的相关理由之上。

纳利奥克托米男孩

一个男孩死了，他的骨头沉入 160 万年前的沼泽地，位于今天的肯尼亚。1984 年，古人类学家寻回了几乎所有他的化石遗骸。当把他的骨头和牙齿都重新拼接起来之后，他们面前出现了一个 8 岁到 12 岁的小孩形象。他看上去令人不安地和我们相似。

纳利奥克托米男孩，人类学家如此命名这具令人惊奇的化石，他如果活到成年，可能会长到 6 英尺（约 1.83 米）高，他的手、臂、臀和腿都和我们的相似。事实上如果他带上一个面具，让他走在任何一条现代的大街上都不会引起什么注意。但是把面具摘下来之后，我们就要倒吸一口气了，纳利奥克托米男孩的眼睛上架了两道厚眉脊，前额很低，呈斜坡状。他的脸也向前突出，牙长得很大，没有下巴。

他和他的直立人亲戚们在许多方面都有所演进。这些人制造出了精致的工具，其中一些是杏仁状的，另外一些看起来像一只梨或泪滴，许多工具从尖端到圆柄大约有 17 英寸（约 43 厘米）长。所有的工具都设置得非常平衡，相当对称。这些亲戚已经惯于制造工具和武器。他们留下了数以千计的流线型手斧，还有大量剁肉刀、镐和小刀，沿着东非的沼泽、泥潭、湖泊、溪流和大河一路散落开。他们是猎人。

他们也猎取大型动物，在河马、大象、水牛和斑马的尸骨旁撒了许多工具。为了追踪、包围和杀死这些野兽，他们需要灵活的空间技能；为了分配战利品，他们需要记住职责所在，还要有先进的语言能力；为了互相安抚、打动、协调，作为一个整体来合作，他们一定需要幽默、同情和许多社会执行技能。直立人正在成为人类。

纳利奥克托米男孩和他的亲戚们甚至已经开始使用火。

说到改变人性最甚的技术，不是电脑，不是印刷出版，不是蒸汽机，也不是轮子，而是这项最基础的技术：控制火。

利用火他们可以加固长矛上的尖端，把小型哺乳动物从洞穴中用烟熏出来，把大象赶进沼泽里，偷狮子的晚餐，以及把洞穴里的各种生物都吓走——然后自己住进去。病人、年轻人和老年人可以在营地里休息。他们可以把白天的活动延续到夜里，围着火堆说话，在它的保护下睡着。从所有动物都要遵循的昼夜节律中解脱出来，这些先辈有时间唱歌和跳舞，安抚未知的力量，反复思考昨天，为明天做抉择——并且向着北方扩张。

他们进行了探索。带着燃烧的火把，我们的直立人祖先走出了非洲去探寻更冷的气候带，部分是因为他们已经具备了这样的能力。大约180万年前，地球上的温度骤降，冰河时代到来。周期性的冰山吸取了海洋里的水，全球的海平面降低了大约300英尺（约91.5米），在非洲大陆上留下宽阔的陆地。大片的动物去往北方寻找新鲜的草场。在100多万年前，直立人家族追随而去——把他们的尸骨和工具抛撒在了遥远的欧洲、中国和爪哇地区。

大脑的力量

在火所赠予的所有礼物之中，无论如何，最引人注目的是人类烹饪食物的新能力。我认为这种革新极大程度上也促进了人类的浪漫爱情。

烧制肉食加快了氨基酸的释放，有助于消化。烧制蔬菜破坏了毒性。弄熟任何食物都能够破坏有可能会寄生在肠道里并且带来破坏的有机微生物。烹饪帮助纳利奥克托米男孩和他的亲戚们生存下来并健壮成长。

因为某个有趣的原因，烹饪也激励了人类大脑的演化。动物必须花费大量代谢能量用以建造及维持它们的心、肝、肾、胃和肠道。它们还必须花费更多能量用以建造和喂养它们的大脑。所以动物必须合理分配它们的资源。因为植食为主的生物必须将大部分能量都用于它们的消化器官，所以它们无法支持复杂的大脑。只有那些吃肉的生物有多余燃料分摊给大脑。

直立人就是这种情况。纳利奥克托米男孩的大脑容量大约为880毫升。他的一些亲戚甚至有1 000毫升，与现代人的平均水准1 325毫升相差很小。

这是什么样一笔投资啊。人类大脑只占身体重量的2%，但它要消耗25%的代谢能量和40%的血糖。几千个基因，事实上达到了我们基因组的1/3，在指导它的发展。在成长的第一年，婴儿花费50%的代谢能量，仅仅是为了构建和完善大脑机制。此外，在这些过程中最轻微的差错都有可能导致严重的大脑功能损伤。所以演化中的直立人大脑代价相当高，也很容易因为变异和不良设计受到损伤。

这个超大器官必须为至关重要的目标来服务：其中也许就有一项是用新型的语言、艺术、道德或其他形式的才华来打动潜在配偶。

更大容量的大脑会给女人带来麻烦，但不管怎样，我认为是一个分娩上的困境激励了浪漫爱情的演化。

分娩困境

直立人妇女怎么才能将大脑袋的婴儿通过小产道生出来？人类盆骨的尺寸必须确保其基本形状是能够用来直立行走的。因此随着婴儿的大脑增大，祖先女性被迫在发育的早期就将婴儿分娩出来。人类学家认为这个"分娩困境"在人类头骨容量达到800毫升的直立人时代就出现了。

肯定有很多妇女在生她们的大头娃娃时死去了。但是自然偏爱多样性，一些幸运的女人能够在婴儿生长的较早阶段就完成分娩。这部分孩子活了下来。很快我们的祖先演化出了一个人类物种的标记：相当无助的、发育不完全的婴儿。

随着这一明显的演化发展，直立人妇女一定感到了作为抚养者的工作有多么令人不堪重负。

对于母亲们来说，更糟糕的还有：儿童期几乎也增长了一倍。

黑猩猩在十几岁左右结束青春期，而人类直到 18 岁才停止生长发育。不像黑猩猩小孩在 4 岁左右就能自己给自己喂食了，人类小孩直到十几岁还要依靠父母。这种现象被称为"成熟延滞"，人类学家相信它最初出现于直立人时期。[1]

这是多么沉重的一个负担啊——小小的、虚弱的、贫乏的婴儿，常常会吵闹、任性、技能低下，并且在将近 20 年的时间里都在等待投喂。

大型动物狩猎，精巧的工具和武器，火的利用，我们不断增长的大脑，我们无助的婴儿，我们漫长的青少年时期，还有我们从非洲向寒冷危险的北方进发……所有这一切一定让我们的祖先感到了强烈的压力，需要去寻找可以长期生活在一起的配偶。对于一个人来说，抚养小孩实在是太难了。

随着这些发展，我相信，求偶行为也得到了增强。个体需要以新式特别的方法使自己显得与众不同，来吸引能真正相容的配偶。为了在开放的大平原上生存下去，男人和女人已经开始发展出了一点点语言能力、艺术气息、幽默感、创造力、胆量和其他许多人类天赋以及用以欣赏其他人身上这些技能的大脑回路。新的求爱者更多地运用了这些资质，向潜在的恋人展示他们的有用

1　人类学家长期以来就设想演化出"成熟延滞"为的是给小孩以时间掌握成年时需要的技巧。一些新的理论也被提了出来。一些人说长的人类儿童随着我们较大的大脑的演化而演化出来，因为复杂的大脑需要时间来生长。其他人论辩说长期儿童期的基因与延长的成熟期的基因一同出现：我们的先人开始用 18 年时间依赖别人以保持能量，中年的同胞去狩猎和采集，当他们成长起来，他们接着哺育那些老去的同胞。相反的过程也发生：父母为了照顾慢慢成熟的孩子，进化出了长寿的遗传能力。另一论点说是长寿的物种倾向于延迟生育以产生较高质量的下一代。就如所有戏剧性的演化改变，延迟成熟的演化涉及数个原因。我可以增加一个：也许这种生物学特征的演化在一定程度上是为了给先人的小孩子更多的时间来获得对性和爱的情感体验。——原注

和好基因。那些求爱回应，得益于他们对这些技能的已有偏好。

伴随这一寻找、选择长期伴侣的更大需求，我想人类大脑中为浪漫爱情而准备的回路也开始出现了。

人类浪漫爱情的演化

这个过程也许相当简单。大约 100 万年前，一些祖先擅长聪明的言辞或吸引人的演说，另一些擅长运动展示。现代新闻工作者的先驱紧盯着大家的举动，他们散布新闻和流言给潜在配偶留下印象。诗人的开山鼻祖用有韵律的故事迷住了他们的崇拜者。伦勃朗（Rembrandt，1606—1669，荷兰画家）和马蒂斯（Henri Matisse，1869—1954，法国画家）的前辈们在泥土中画出了比别人更好的画。摇滚明星和歌剧明星的先驱则通过演唱族群的传说来打动准情人。一些能医治疾病，一些能通灵，一些十分勇敢，一些特别慷慨，还有一些能把情人逗乐。"当一个男人让一个女人发笑的时候，她会有一种被保护的感觉。"于戈·贝蒂（Ugo Betti，1892—1953，演员、剧作家）曾写道。智人中的女性愿爱慕机智风趣的家伙——在百无聊赖的下午和他一起走到灌木丛里去。

在那些艰苦的岁月里，我们的祖先需要越来越多的特殊技能，才能诱使一位潜在的配偶和自己结成长期伴侣关系。那些擅长复杂的语言、艺术或歌曲的人能存活下来并获得繁殖机会——并将这些和其他一些精巧的人类技能传递到我们身上。不过男人和女人都要"在预算范围内做广告"，因为每个人用来耗费的代谢能量和大脑回路都是有限的。因此求爱者们逐渐变得术业有专攻——只耍独门之宝，以虏爱人之心。

这种求偶过程会延续。爱因斯坦曾经断言："一个人30岁之前没有对科学做出大贡献，那就永远做不了了。"虽说我们每个人都能立刻对此举出一串反例来，但伦敦经济学院的金泽哲（Satoshi Kanazawa）博士最近用一个达尔文式的解释力挺了该观点。在对280位伟大的男性科学家做出研究之后，他证实了他们中的65%是在35岁之前做出自己最大的发现的，并且注意到他们大多数在结婚之后几年就丧失了创造力。金泽哲的结论是，这些年轻的天才"想要用他们的才艺给女人们留下深刻印象"。

我认为年轻的智人男性（以及女性）在100多万年以前，就需要用自己的才艺来打动潜在的配偶。

这个故事中更为重要的一点：随着求爱者们纷纷展示自己的各种特殊才能，那些观看这些伎俩的被求爱者们也需要发展自己的推理、判断、远见、记忆、理解、知觉、自我意识和其他娴熟的大脑机制，才能在求爱者中做出区别分辨。

他们也需要生成能赏识这些求偶表演的大脑回路。欣赏道德，赞美宗教狂热，尊重创新，为精巧的诗歌和动人的旋律叫好，在有益的对话中感到欣喜，珍惜诚实，赞许果敢的品质，以及重视很多其他的才能。他们必须演化出大脑用来察觉欺骗的能力；他们也必须演化出能破译准情人们在想什么的大脑机制，这种能力叫作"心智理论"，被用来理解其他人的精神状态、欲望和意图，在人类身上发展得尤其出色。智人的男性和女性在100万年前就需要用来判定个性或才艺的大脑构造，以便对求爱者们做出评估。

他们也需要一种强大的生物性推动来驱使自己把求偶精力集中在一位特殊配偶身上，这种推动是如此强大，以至于他们愿意和这一特定个体许下长期的承诺，甚至愿意为他或她而死。

"那些未能摧毁我们的事物，使得我们强大。"尼采（Friedrich Nietzsche, 1844—1900, 德国哲学家）写过这样一句话。生养后代方式的变化和幼体成熟的延迟，使得直立人出现了长期配对的需求以及更多的求爱技能，而这种求偶压力也激发了我们不可思议的才艺，还有我们用来欣赏这些才艺的大脑构造，亦即为浪漫爱情——驱使"求爱者"和"被求爱者"做出深刻承诺并一起长久抚养共同后代的激情——而诞生的大脑回路。

"噢，我愿为你孤注一掷。"沃尔特·惠特曼如是说。男人和女人在100万年前就需要如此表白。

在白天里演化出来的人类大脑

显然，我们的直立人祖先还有其他重要的原因，让他们发展出独特的人类才能。纳利奥克托米男孩和他的亲戚们需要对一个受伤的同伴感到同情，需要有照看情绪不稳定小孩的耐心，需要对一个愤愤然的少年有所理解，需要发展出能容忍群体中桀骜或自大成员的社交风度。他们是一个团队。他们必须一起在草原中迁移，这是一个有着各种掠食者的杀戮之地。所以那些能够察觉危险，记得过去发生过的灾难，设计出应对策略，清晰地表达抉择，做决策，判断距离，预见障碍以及利用有信服力的手势和不可抗拒的言语来说服同伴的人有更高的概率存活。人类的大脑在白天逐步演化着。

但是天黑以后，他们一定会围着火烘烤他们的肉食，把长矛磨得锋利，摇晃他们"咕咕咕"的婴孩，当老人家们睡着的时候还要模仿鸵鸟、猪、豹等动物的叫声。他们一定有关于勇气、坚韧和征服的歌，用跳跃或摔跤来显示耐力，用哭泣来显示怜悯，用扮小丑来显示智慧。还有很多会偷偷走开并拥抱在一起。在月光下，我们杰出的技艺渐渐显示出了人类的形态。

向着现代进军

随着时间推移，我们的祖先留下了越来越多的求偶证据。50万年前，在现在的埃塞俄比亚地区出现了一种人，脑容量大约1 300毫升，已经进入到了现代人的范畴之内。他或她显然有了一个复杂的大脑——这个大脑能够用来容纳热烈的浪漫了。

大约25万年前，一个住在现在我们称之为英格兰的地区的男人绕着一个化石贝壳，凿出了一把对称的手斧，贝壳是他在一块被掩埋的打火石上发现的。也许这是一个送给心上人的礼物，或者他用来向爱人展示自己制造工具能力的广告。事实上，科学家现在认为，我们的祖先在100万年前就会凿的巨大的17英寸（约43厘米）手斧实在是太大了，对于打猎、采集蔬菜或木材来说都无甚用处，因为许多都难以操持并且过分精致。它们真正的用途也许是用来加深别人的印象和求爱。

6 万年前，伊拉克北部扎格罗斯山脉的人们于 6 月的某一天在浅坟中埋葬了一个人，并朝死尸上覆盖了一些蜀葵、葡萄风信子、矢车菊和开着黄花的千里光。它们中的一种也许是用来祈求在来世看到心上人的。与此同时，在法兰西有一个人通过擦刮赤铁矿石，弄出了一些土红色和灰白色的粉末。利用这些，女人可以装饰她的臀部和胸部，去参加一场夏日舞会。

3 万年前，克鲁马努人长出了和现代人完全相同的头骨，以及和你我一样的大脑。他们将装饰自己触碰到的一切事物。技术娴熟的艺术家走进法兰西和西班牙山区的大洞穴，在阴湿的石壁上画出了壮丽的公牛、驯鹿、野山羊、犀牛、狮子、熊和其他迷人的兽类。这些黑色、红色和黄色的生物一路奔腾在岩洞中，几乎像是活的一样。音乐家奏响了长笛和鼓，打破这洞穴里的死寂。数百人在崎岖的洞壁上按下手印。雕塑家们留下了黏土烧制的小野牛。有些洞穴中的脚印则记述了那些点着油灯跳舞的人。

从欧洲到西伯利亚，人们在石头上雕刻出奇异的女性生育符号，她们丰满高大、没有脸，也有些是来自现实中他们认识的女性的雕像。猎人们在象牙工具手柄上刻出优雅的马的形象。男男女女都用珠串、手镯，可能还有文身、帽子、头饰和礼服来装扮自己。壁画甚至显示女人们会梳理自己的头发。

接下来，在 4000 年前，古代苏美尔地区的人们写下了迄今发现的最早的情书，用楔形文字刻在拳头大小的黏土上。现在它被保存在土耳其伊斯坦布尔的古代东方博物馆里，是一张遥远的过去的明信片。这个人爱过，他或者她感受到了 100 万年前的人们就曾感受过的同一种欣喜若狂。

人类爱的能力

我一度相信斯基普、玛利亚、提娅，以及其他那些为自己的交配对象所倾倒的动物能感到和你我坠入爱河时一样的感受。我推断出，随着祖先们越来越聪明，人类只不过是为这种动物吸引力添加了大量文化传统和信仰的修饰。但后来我改变了自己的想法。让我最终相信人类的浪漫爱情体验要复杂得多也强烈得多的事实是我们产生了智力和情感的大脑结构，它是如此令人赞叹。

"大脑是我们第二喜欢的器官。"伍迪·艾伦（Woody Allen，美国导演）开过这样的玩笑。倘若伍迪仔细思考过人类大脑的能力，他或许会把它放到第一位去。比起其他动物，我们更聪明、更幽默、更擅长机械，再加上艺术性、精神性、创造性、利他性，还有性感，而如果你把其他动物的大脑能力联合起来，最终所得也不会超过一个 7 岁的孩子。

我相信这些产生了人类智力的装备，同样也在人类身上创造了为浪漫爱情而生的更大能力。

先这么说吧，相对于体形来说，更高级的[1]灵长类比大多数哺乳动物拥有更大的脑子。人类大脑皮质（我们用来思考和认识感情的外皮层）比猿猴——大猩猩、黑猩猩和红毛猩猩的要大 3 倍。人类的大脑也要重得多，黑猩猩的大脑重 1 磅（约 0.45 千克），而

1　此处提法应该为"演化上出现得更晚"较妥当。——译者注

人类的重 3 磅(约 1.4 千克)。尺寸是很重要的。加州大学洛杉矶分校的保罗·M. 汤普森(Paul M. Thompson)曾证实前额叶皮层的灰细胞数量和智力水平有着重要关系。

人类大脑也要复杂得多。在特定脑区间的神经连接数比起猿猴有着明显的增加。我们甚至有更多基因参与到了搭建和维持大脑的工作中来。人类有大约 33 000 个基因,它们中有 1/3 参与了构成和维持大脑的各项功能。虽然我们比起猿猴来说基因数并没有多多少,但只要多出几百个,就能使大脑运作产生质的不同,因为基因相互作用能带来指数级的可能组合,称为"组合爆发",在某个时间点上,我们的先祖们获得了一些基因,用来构造和运作一个精密复杂的大脑。我们的一些基因比那些近亲们也要运转得更快。

人类的大脑不仅仅是更大更复杂了,而且它里面所有的特定区域都扩大了。

举例来说,前额叶皮层,位于你额头正后方的大脑部分集成,也至少相当于其他灵长类的两倍(见 85 页图)。它的沟回也更多,并附有一个为思考提供额外空间的褶皱皮层,这些区域对于"普通智力"很重要。[1] 在此处我们收集证据、推理、衡量抉择、练习预

---

1 Duncan et al. 2000. 我们具有多种智力。"普通智力"指一套相联系的能力,包括收集证据,推理,衡量抉择,练习预测,产生洞察,做决定,解决问题,抽象地思考,理解复杂的观点,快速学习,从经验中学习,以及做计划(Spearman 1904;Carroll 1997)。创造性和实用主义是人类大脑工作的特征(Sternberg 1985)。男人和女人也有很多特殊的技能,其中有音乐天才,空间智力,基本操作,以及快速找到正确用词的能力(Gardner 1983)。"情商",即自我觉知、自制,在不同社交中行动机敏的能力,是人类的习性(Goleman 1995)。我认为"幽默感"也是一种智力。我选了一个词:"性商",即对伴侣的需求敏感,善于表达自己的需求,做爱时行动适当的能力。——原注

测、产生洞察、做决定、解决问题、从经验中学习以及做计划。我们甚至还要给我们的想法加入情感价值，评定风险，以及监控奖赏的获得。

通过这不寻常的大脑区域——大脑前额叶皮层——人类获得了无限多的能力用以思考"他"或"她"。

人类的大脑也使得我们能够更强烈地去感觉。坦白来说，我曾一度认为自然在人类情感上安排得有些过分。我们总是"感受到"了太多。如今我终于明白为什么会这样。人类的杏仁核（amygdala），位于大脑侧皮质后方的一个杏仁状区域，大约要比猿猴的同一结构大上个两倍。这一大脑区域在引起害怕、愤怒、厌恶和攻击等情绪方面扮演了核心角色，并且也部分地参与了制造快乐。借助这些产生强烈甚至粗暴的情绪的能力，人类也具有了把爱的冲动和大量情感联系到一起的能力。

我们也特别拥有了记住"他"或"她"的能力。"记忆，在大脑的所有天赋当中，是最为精妙、脆弱的。"本·琼森（Ben Jonson，1572—1637，英国剧作家、诗人、演员）如是说。他说得对，只要去试着想起一首长诗或一周前你吃过什么东西，你就能体会到这一点了。为了帮助我们记忆，不管怎样，自然赋予了我们海马体，这一用来制造并储存记忆的大脑区域，也有猿猴身上同一结构的两倍大。它也能强烈唤起和记忆伴随的情感。通过海马体这一不寻常的工厂和储存箱，我们人类能够回想起关于"他"和"她"的最微小细节。

但在所有演化而来的用以增强浪漫体验的大脑部分中，毫无疑问最重要的还是人类的尾状核。你可能想得起来，在我们患情病的研究对象盯着他们心上人照片看的时候，尾状核就会被激活。这个大脑区域和聚焦注意力以及赢取奖赏的强烈动机有关。它的大小也达到了我们近亲身上同一结构的两倍。随着尾状核在我们的直立人先祖身上变大，它可能加强了他们去寻找和赢取一位心上人的意愿。

到底一种原始形式的动物吸引力是在何时最终演化为人类浪漫爱情的——连同它所有的复杂想法及情感一起——没有人知道。但很多科学家现在都相信人类大脑的所有部分（除去小脑以外）是一起变大的。我们也知道这发生于何时：200万年以前。而在100万年前，直立人已有了相当大的大脑。25万年前，我们的一些智人祖先甚至已经有了如你我一般大的头骨。35 000年前，他们的大脑已与现代人长成了同一个形状。

人类从丛林的严峻考验中走出。有一天我们也许可以完全脱离地球，飞向那些遥远的星辰。这些航行者将在大脑中携带着100万年前在非洲大草原上生长出来的精神机器。在这些特殊天赋中会有我们的才智，我们的诗歌，艺术和戏剧才华，慈善精神和很多其他求偶特征，包括这种令人惊叹的奋不顾身栽到爱情里面去的能力。

变幻莫测的爱

"但是我被你拴住了/我的每个想法都是你/你的脸是我唯一想见/你的心是我唯一渴求。"16世纪中，查尔斯·塞德利（Charles

Sedley，1639—1701，英国剧作家）爵士生动地表达了这种想去爱他人的强烈冲动。但是哎呀，这种感觉不是一直那么欢乐的。

你知道，浪漫爱情并不一定与长相厮守的冲动相伴。你可以爱上一个自己从没想过去和他结婚的人；你也会在深深依恋一个人的时候爱上另一个人；甚而，你会和一个自己不怎么爱的人发生关系，或在你和一个人做爱的时候感到对另一个人的浪漫激情。这是多么荒诞啊——在社会关系或身体关系上与一个人纠缠的同时却疯狂地爱着另一个人。

为什么大脑中的浪漫爱情回路和情欲以及长期依恋没有联结在一起？

我想爱的变幻莫测正是大自然计划中的一部分。如果一个直立人有一个妻子和两个孩子，而同时他又和另一个团体中的女人坠入爱河并秘密地一起生了两个孩子，他将成倍增加后代的数量。同样地，一个祖先女人嫁给了一个男人但却又和另一个男人通奸，则可能怀上所爱者的孩子，或让现在的孩子获得额外的食物和保护。简而言之，是自然将浪漫爱情多变的大脑回路设计得这么变幻莫测的，它使得我们的祖先可以去遵从两套并行的繁殖策略。纳利奥克托米男孩以及他的亲戚们可以和一位配偶结成社会认可的伴侣关系，而和一位秘密情人一起，生下另外的小孩或获得额外的资源。

现在很多男人和女人仍然在追求这种双重繁殖策略。关于美国人通奸的最新统计数据来自 1994 年芝加哥国家民意研究中心的一项研究。科学家对 3 432 名 18～59 岁的美国人就他们的性行为做了调查。其中 25% 的男人和 15% 的女人透露说自己在婚姻期间有过出轨行为。其他的人也许说了谎，因为科学家认为这个数字仍然显得太低了。美国的通奸者们会生下私生子。1998 年的一个用来做遗传病研究的项目中，科学家被震惊了，因为他们发现大约有 10% 的人其实不是法定父亲的亲生子。

这些通奸者并不独特。在文献记载中，人类的私通行为非常普遍。"欺骗"在其他"社会性一夫一妻制"生物中甚至更为常见。在一个关于 180 种鸣鸟的研究中，90% 的雌性生育的后代，不是提供喂养的"父亲"遗传意义上的孩子。事实上，据说在加利福尼亚州只有一种特别的田鼠才是真正的一夫一妻制生物。

我们生来就是为了去爱以及再去爱。当你单身、中年离异或在年老时独自一人时，这种激情会带来多大的愉悦啊。当你和一个你倾慕的人结婚，又与另一个人陷入爱河，这种化学物质会激起多大的迷惑和懊恼。

这些情感系统——情欲、浪漫吸引和依恋——之间的相互独立性，在我们祖先身上就已经开始演化出来，它使得男人和女人能够在同一时期维系好几段关系。但今天，这种大脑回路产生了巨大的混乱——促成了世界范围内的各种通奸、离婚、性嫉妒、潜行尾随和婚姻破坏等行为的发生以及谋杀、自杀和与激情耗尽有关的临床抑郁的高发。

失去爱。几乎这个地球上的所有人都知道被抛弃的巨大痛苦。为什么当你失去爱慕的人时就会跌入绝望？

第 7 章

失爱：被拒、绝望和愤怒

07

静静躺着，静静躺着，我已碎的心；

我沉默的心，一动不动破裂不堪；

生活，和这世界，和我自己，都改变了

为消逝的梦

——克里斯蒂娜·罗塞蒂《海市蜃楼》

"走在陆地上，走着，走着，我正走在陆地上，没有人爱我，她一点也不爱我，所以我走过陆地。"1890 年，一个匿名的北极因纽特人写下了这首悲伤的诗。

几乎这世界上所有的人都在一生中的某个点上，体会过被拒的痛苦。迄今为止，我只遇到过三个人声称从来没被他们爱慕的人甩过，两个是男人，一个是女人。这两个男人都长得很帅，健康，有钱，在生意上取得了巨大的成功。这个女人是一位年轻的电视明星。这种人是罕见的。在凯斯西储大学的学生中，93%的男性和女性都报告说自己被狂热倾慕着的人拒绝过，95%的人说曾拒绝过深深爱着自己的人。世上几乎无人逃脱过被拒带来的空虚、无助、恐惧和愤怒。"分离是，"艾米莉·狄金森写道，"我们需要了解的地狱。"

因为一起做大脑扫描的同事和我都想知道浪漫爱情的全部感受，我们又实施了第二个项目：扫描那些最近被爱人抛弃的人。我们找来了很多志愿者，他们全都正处于心理上的极大痛苦之中。尽管非常悲伤，又或许恰恰因为这个，他们都愿意做功能磁共振扫描。在我写书时这些实验还在进行中，但是参与者们已经告诉了我很多，关于这些痛苦，关于被拒绝的爱人必须去承受的各个绝望阶段。

唐纳德·叶芝（Donald Yates，1909—1993，美国人）曾写道："那些对爱理智的人将对它无能。"你也会看到，当浪漫激情受挫的时候我们中几乎没有人能保持理智。我们不是为此而被造出来的。

被拒的爱人

"你是否曾在爱的时候被拒，但放不下？"同事和我一起在纽约大约石溪分校的校园心理公告栏里发了一些传单，就是以这句话开头的。我们决定扫描那些被爱推出门外的人们，而且只找那些真正为此受苦的人。

被拒的爱人们很快就发出了响应。像之前的实验一样，我们剔除了左撇子，头上有金属物品的人（如戴着牙箍），服用抗抑郁类药物的人以及有幽闭恐惧症的人。然后我打电话给这些申请人，和他们每个人详谈，讨论他们不愉快的爱情中的细节，并向他们耐心解释做大脑扫描时会发生什么。

我描述的这个过程和之前在那些处于快乐恋爱中的人身上实施的一模一样。每个参与者都会交替观看拒绝自己的爱人的照片以及一张不会引起正面或负面情绪的中性照片。在这些任务的间隙，实验对象需要做大脑清洗工作，即从一个大数字开始每次减掉7，一个一个地往回数。同时，功能磁共振成像仪将会记录下他们的大脑活动。

我发现实验前的采访非常难做。我被每个听到的故事深深打动。所有这些伤心的男人和女人都处于极度沮丧之中。我已经预料到了这一点。但很多人也是非常愤怒的，爱情拒绝中不可预见的方面让我意识到了这种激情的可怕力量。

我第一次感受到这种灼热的"爱之恨"——该说法来自戏剧家奥古斯特·斯特林堡（August Strindberg，1849—1912，瑞典人）——是在对芭芭拉进行了大脑扫描之后。

因爱生恨

在芭芭拉仍沉浸于对迈克尔那疯狂而喜悦的爱中之时，我们扫描了她的大脑。正如其他那些正爱得不亦乐乎的研究对象一样，在第一次实验中芭芭拉就暴露了，眼睛都似乎在跳舞，温柔地咯咯笑。她优雅地从功能磁共振扫描仪上起身，热情洋溢，很乐观，并且还和我们谈到她在静静看着迈克尔的照片和回想他们在一起的时光的时候有多么高兴。但是这种极度的快乐未能持续，5个月后迈克尔就离开她了。

一天早晨，我走进纽约大学石溪分校的心理实验室，看到她趴在会议桌上抽泣，然后我了解到了分手一事。看到这个年轻可爱的女生如此崩溃我都被吓了一跳。她蓬着头，瘦了一圈，脸色惨白，脸上布满泪痕，动也不动，就好像手上负有重荷。然后她告诉我她"很惨"，她"自尊扫地"了。"我脑子里面，"芭芭拉对我说道，"经常想起迈克尔……胸口像堵了一块石头。"事实上，她那天早上坐在床上，一直发呆。

我被她的悲伤打动了，不得不离开房间。但是当我来到旁边一个没开灯的办公室想让自己平复一下时，我突然意识到芭芭拉说不定能提供一些极为珍贵的科学信息：她可以向我们展示，当一个人最近对爱情失望至极时，大脑中发生了什么。

因此我非常抱歉地询问芭芭拉是否愿意再做一次扫描，这次是作为一个刚失恋的对象。我也提醒她在扫描时回想这段关系的话可能会引发强烈的情绪反应，并保证如果需要的话我会在扫描程序完成后与她进行交谈以帮助她平静下来，过几天还会给她打电话以确认这个实验不会引起她更进一步的失意。无论如何，我解释说，这次扫描也许有助于帮助那些和她一样遭受痛苦折磨的人。我还犹豫着建议当天就做这个实验。

这个善解人意的女孩答应了。

朝着扫描室走去的路上，芭芭拉步履蹒跚，仿佛已经在绝望中溺毙。

这还只是开始。虽然我预期到芭芭拉会难过，但仍然被实验结束后发生的事情惊到了。她跳下扫描台冲出门外，然后跑出了大楼，没有给我聊一聊的时间也没有拿为参与者准备的 50 美金被试费。半个小时后她回来拿酬金我又被吓了一跳，看着她一副心神错乱的样子，我恳求我们两个人一起坐到休息室里去，她答应了。到了里头我们开始谈话。

她告诉我实验中当自己看着迈克尔的照片时，就想起了他们之间的所有争吵。"我没法放下他。"她终于喊出了声，爆发出一阵痛哭。在她抽噎时，我注意到其他一些变化：她开始对着我发怒，泪眼婆娑中狠狠盯着我，突然间尖叫道："你为什么要做这样的研究？"在这种责难中我看着她，怔住了，不知如何开口。渐渐地我意识到很重要的一件事：这个实验在芭芭拉身上引发了心理学家里德·梅洛伊（Reid Meloy）称之为"被抛弃的狂怒"的那种状态。芭芭拉不是在冲我发火，她是在对迈克尔发火。她攻击我是因为我这会儿正适合充当这一角色。

我不由得问自己，为激情浪漫而构建的大脑回路某种程度上是不是和心理学家称为怨恨/愤怒的大脑网络直接相连呢？

长久以来我认为爱的对立面不是恨，而是淡漠。现在我开始猜想爱和恨/怒也许在大脑中错综复杂地纠缠，而淡漠则完全行使另一条回路。甚至，大脑中爱与恨/怒的纠缠还可能用来解释为何那些与激情相关的犯罪——尾随、谋杀和自杀——在这世上如此普遍。当一份依恋断绝，爱的冲动受阻，大脑就会很容易地把这种力量推向暴怒。

被弃带来的偏执妄想

"无疑这是最好的方式/无疑到时候我将学会/恨你就像其他那些/我曾爱过的人一样。"诗人斯诺德格拉斯（W. D. Snodgrass, 1926—2009）明白芭芭拉感到过的这种愤怒。事实上，当他们从大脑扫描仪后现身时，我在许多其他遭到抛弃的实验对象脸上看到过这种心酸的愤怒。

我也看到了偏执——在一位美丽的年轻姑娘凯伦身上。凯伦的男朋友提姆 3 个月前抛弃了她。他们约会了将近 2 年并准备结婚。他们订了婚约，选好了戒指。所以当他为了他办公室里的一个女人离开她时，凯伦震惊了。"我在两个星期里瘦了 15 磅（约 6.8 千克）。"她呻吟道。同时她出现了严重的睡眠障碍。"我经常想起他，"她告诉我，"每件事都让我难过。我不在意自己看起来是怎么一副样子，或者我和谁在一起。我一点也不在乎任何事。这很可怕，它的伤害如此之深。"她把提姆的所有照片都装进了一个盒子里，藏到壁橱中，并且她在考虑使用抗抑郁药品。

我和凯伦打交道的日子显得有些奇怪。约定好来做扫描那天，我和她在纽约的大都会车站见面，她看上去很沮丧。但在去石溪的两个小时车程中，她表现得很随和、迷人。当我们走进心理学实验室，她的情绪状态从爱说话转为消沉。去吃饭的路上她更是泪眼婆娑，没有吃一点比萨也没喝一口可乐——一小口都没有。在我们去扫描室的路上她走得很慢很慢。后来她告诉我说那时过去的经历开始淹没自己，并且开始琢磨不应该来当志愿者，她恨提姆，不想再想到这个人。"这从头到尾是个大错。"

在扫描开始前凯伦没有和我说这些，无论如何，我们顺利地为她做完了扫描。但是当从机器里面走出来之后，她显得极其激动，走到设备操作人员身边，责问这个被惊得目瞪口呆的男人为什么播放"提姆"这个声音。"提姆，提姆，提姆，提姆。"她告诉我们说自己在看照片时反复听到这个声音。我向她一遍遍地保证我们没有欺骗她，我们没办法摆弄这个复杂的几百万美元的机器让它发出这种声音，即便我们想这么干也做不到。我也做梦都没想过把"提姆"这个名字放到扫描仪的声音里面去吓唬她。

她似乎不相信我，直到我们回到火车上——两个小时又过去了，外加几杯啤酒。当我确信自己重新赢得了她的信任，我小心翼翼地询问她家是否有人有偏执妄想。"是的，"她回答，"我母亲。"我没有再深入这个话题。

我会在每个志愿者从扫描仪中刚出来时就立刻问他们一些问题，想知道他们在看到心上人照片时的感受，看到那些中性照片时又有什么掠过他们的思绪，往回数数时又感到了什么。显然当凯伦盯着提姆看的时候，她的忧郁和失望变成了愤怒，而这种愤怒又触发了妄想——因为据她后来告诉我，只有在自己愤怒的时候才会听到提姆的名字反复响起。

愤怒、妄想，我只是隐约猜到了这些反应。但我完全意料到了我们那些被爱人抛弃的对象会不快乐地从机器中走出来。我是对的。一个年轻姑娘在实验过程中哭得如此伤心，以至于把我们放在里面保护参与者头部的枕头都浸湿了。事实上，我在几乎所有被爱抛弃了的对象身上都看到了这种巨大的痛苦。每次遇到这种情况时，我都忍不住想到世界上那不计其数的遭受过同样绝望的其他男人和女人。

爱的绝望

"妈妈，我不能照看我的纺车，我的手指生痛，我的嘴唇干裂，噢，如果你感到了我感到的痛！但是噢，谁曾像我这样？"为了回应萨福（Sappho，古希腊女诗人）在 2500 年前发出的绝望询问[1]，无数人在爱之中都感受过这种被拒的悲伤。

从美洲到西伯利亚，成千上万的人都留下了歌词作为心碎的纪念品。16 世纪一位阿兹特克人留下了这样忧伤的句子："现在我知道了/为什么我的父亲/会走出去/哭泣/在雨中。""我看着你握过的手，痛得无法承受。"一位日本的诗人这样写道。埃德娜·圣·文森特·米莱（Edna St. Vincent Millay，1892—1950）留下了这些伤痛的句子："甜蜜的爱人，甜蜜的荆棘，当你轻轻靠近我的心，我受了你的刺，因此被杀死，自此凌乱地躺在疏离的草丛中，浸透泪水和雨水。"

人类学家也搜集了这种悲痛的证据，一位被抛弃的中国女子倾诉："我无法忍受生活，生活里所有的兴趣都消失了。""我很孤独，真的伤心，我哭了。我不吃东西也睡不好，我没法把注意力放到我的工作上。"一位被忽略的波利尼西亚女子呻吟道。在新几内亚的塞皮克河，被弃的男人创作了悲哀的情歌，叫作"那买"（Namai），关于"可能存在过"的婚姻。在印度，伤心欲绝的男子和女子组成了一个俱乐部——失恋研究协会，每年 5 月 3 日，他们会庆祝全国失恋日，交换故事和安慰彼此。

被一位心上人拒绝会使得一位恋人陷入人类所能承受的最深不可测和烦恼的情绪苦痛中。懊悔、愤怒和许多其他感觉能以如此大的威力席卷大脑，以至于当事人几乎不能吃饭睡觉。这种强大的萎靡不振的程度和阴影一定是因人而异的。因此精神病专家和脑神经

1　原文为萨福，实际上这首诗是 18 世纪英国诗人沃尔特·萨维奇·兰多（Walter Savage Landor）所写。——译注

科学家把爱的拒绝分为两个一般阶段："抗议"和"放弃"。

在"抗议"类型中，被拒绝的情人执着于努力去挽回他们的心上人；而"放弃"，就像字面意思所表达的那样，他们完全放弃了，滑入绝望之中。

第一阶段： 抗议

随着一个人开始意识到心上人正在考虑结束关系，他们一般会强烈地表现出不安。被渴求和怀旧所占据，他们把几乎所有的时间、精力和注意力都交给了准备离去的伴侣。他们无法摆脱的念头就是：和心上人言归于好。

许多参与我们扫描实验的对象发现自己很难睡着。一些人体重下降，一些人开始焦虑，其他一些人在扫描前和我聊起他们的心上人时会叹气连连。他们都开始追忆，陷在那段困扰的时期，反复寻找线索，想知道到底是怎么出错的以及思索如何修补这段破碎关系。他们都告诉我从来没有停止想念他们的"拒绝者"，在每个醒着的时间段里他们都会被关于"他"或"她"的念头所折磨。

被踹的恋人也会使用非常规手段和前伴侣重新取得联系，重新去两人以前一起去的地方，不分白天黑夜地打电话，写信或者不停地写电子邮件。他们会恳求，戏剧性地跑到心上人的家里或上班的地方，接着怒气冲冲地离开，接着又回来再次请求和解。大多数人会如此全神贯注于已经失去的伴侣，以至于每件小事都能唤起与之有关的记忆。就像诗人肯尼思·费林（Kenneth Fearing，1902—1961，美国人）写的那样："今夜你在我的头发和眼睛里，我们的出租车路过的每一盏街灯都向我展示，你，仍然是你。"

大多数被抛弃的人都会殷切期盼复合，所以他们抗议，不屈不挠地寻找最微弱的希望信号。

愈挫愈迷恋

"爱是满载着哀愁的病/拒绝任何治愈/一株植物被砍了又砍还在长/得到最好的照顾却光秃秃/却是为什么？"17世纪诗人塞缪尔·丹尼尔（Samuel Daniel，1562—1619，英国人）指出了爱情这古怪的特性：就像逆境会激发人的斗志一样，这情形也发生在浪漫激情之中。这种现象在文学和生活中都如此常见，我特地为之命了名：挫折吸引。我怀疑这种愈挫愈迷恋的情形和大脑中的化学物质有关。

你已经知道，多巴胺是大脑中的"基层工厂"制造的，然后跑到尾状核和其他大脑区域中引发去赢得指定奖赏的冲动。如果一个期望中的奖赏被延迟了，不管怎样，这些制造多巴胺的神经元会延长它们的活动——于是提升了大脑中这种天然兴奋剂的水平。极高的多巴胺水平和强烈的动机以及目的导向的行为有关，在焦虑和害怕的情形中也会如此。古罗马剧作家泰伦斯（Terence）不知不觉已经总结了这种挫折吸引的化学现象，他是这么说的："我们的希望越少，爱就烧得越炽。"

精神病学家托马斯·刘易斯（Thomas Lewis）、法里·阿米尼（Fari Amini）和理查德·兰农（Richard Lannon）主张这种抗议性反应是哺乳动物身上的一种机制，在某种社会依存面临决裂的时候就会被激发。他们举了小狗的例子，当你把小狗从母亲身边带走单独放置在厨房中时，它们就会狂躁地走来走去，不厌其烦地刨地板、抓门、对着墙跳、吠叫和抱怨以示抗议。被从母亲身边隔离开的幼年大鼠基本上就不睡了，因为它们的大脑处于高度警觉之中。

这些精神病学家相信，我也相信，这种抗议反应和多巴胺的升高有关，包括去甲肾上腺素。他们提出，这两种物质的升高是为了提高警觉并刺激被弃的个体去寻找和召唤援助。

事实上，在爱情关系中抗议很有效。那些主动抛弃的一方经常会对自己引发关系的破裂这一点感到深深的罪恶感。因此被抛弃的一方越抗议，主动抛弃的一方就越有可能重新考虑并回到这段关系。很多时候这都会奏效，至少是暂时性的，所谓的抗议有效。

但并非永远如此，无论如何。有些时候浪漫关系中的裂痕会引起被抛弃一方的恐慌。

分离焦虑

像抗议的冲动一样，这种恐慌反应在自然中也十分普遍，它被称作"分离焦虑"。当小鸟或者小哺乳动物的妈妈离开了它们，这些小生物经常会陷入深深的烦忧。它们的不适开始于剧烈的心跳。小家伙会哭闹和做出吮吸的动作。这些"求救信号"有些发狂且一阵一阵的。被弃的小狗和小水獭会呜咽,甚至低声啜泣;小鸡会吱吱叫;小恒河猴会悲哀地发出一种"吼吼"的叫声;而离开妈妈的幼年大鼠则会发出不消停的超声波哭声。神经科学家加克·潘克塞普(Jaak Panksepp)相信分离焦虑是大脑中的恐慌系统产生的——这是大脑中一种复杂的网络,会使得个体觉得虚弱、呼吸短促、容易惊慌。[1]

　　一个关联的大脑系统也同时发挥了作用:压力系统。压力在丘脑下部产生,此处会分泌促肾上腺皮质激素释放激素(CRH)并输送到附近的脑垂体,并在这里引发促肾上腺皮质激素(ACTH)的分泌,经由血液到达肾上腺,并向肾上腺皮质发出合成和释放氢化可的松的指令,这是一种"压力激素",它接下来会激活很多大脑和身体的系统来对抗压力。这当中,免疫系统会兴奋起来去和疾病作战。即使有这种身体上的防备,失望的情人们还是会嗓子疼痛、感冒。短期压力也会引发多巴胺和去甲肾上腺素的产生并抑制5-羟色胺的分泌——这些物质的联合作用与浪漫爱情紧密相连。

　　1　恐慌涉及中脑的一个区域,导水管周围灰质(PAG),这块区域接近产生物理性疼痛的那些区域。导水管周围灰质给恐慌系统的其他部分发送信号。没人精确知道哪一种大脑化学物质产生分离焦虑和恐慌(Panksepp 1998)。谷氨酸酯可能是一种最具激发性的神经传递物质,它对我们所做的一切都有贡献。当这一神经传递物质含量增加时,动物开始发出特别与抛弃联系在一起的哀叫。科学家知道更多的是什么能消除分离焦虑和恐慌,而不是其本身。阿片,比如吗啡,很快就平息了被遗弃动物的哀叫。催产素,与社会依恋和结伴相关的一种荷尔蒙,也能减少分离引起的焦虑。这可能是为什么动物被抚摸时会停止哭喊:安抚激发了催产素和阿片受体。——原注

极具讽刺意味的是：随着心上人溜走了，促成浪漫感觉的化学物质反倒更加努力地发挥作用，加剧着热烈的激情、恐惧和焦虑，并且推动我们去抗议，拼尽全力来争取回报：那个逃离的爱人。

被弃愤怒

试图赢回心爱的人，对他或她的渴求、分离焦虑和对即将到来的失去的恐慌，以上这些反应对我来说非常有意义。但到底是什么让被拒绝的爱人们如此怒不可遏呢？即便主动抛弃的一方仍愿意保持朋友关系，带着怜悯和诚实离开这段关系，很多被弃的情人也会从心碎的感觉转向彻底的愤怒。英国诗人约翰·黎里（John Lyly，1554—1606）在1579年就睿智地对此现象做出了评议："因为最好的酒才能酿制成最辛辣的醋，所以最深的爱将转变为最致命的恨。"

为何如此？

这是因为爱和恨在人类大脑中是错综复杂地连接在一起的。和怨恨/愤怒有关的基本回路从杏仁核向下一直到下丘脑，再延伸到中脑导水管周围灰质的中心。一些其他的大脑区域也和愤怒有关，包括脑岛，这是大脑皮质中用来搜集体内活动和感觉的数据的部分。[1] 但关键在这里：大脑中为愤怒而设置的基本网络和前

1　科学家仍然无法精确知道愤怒涉及哪种大脑化学物质，但有几种可能有贡献（Panksepp 1998）。P物质，一种神经调控物，可能产生了愤怒；谷氨酸酯和乙酰胆碱推动了气愤；高水平的去甲状肾腺素和低水平的5-羟色胺能产生愤恨，并且低水平的5-羟色胺往往导致伴随着气愤的冲动力。——原注

额叶皮层的中心有关，此处是用来执行奖赏评估和奖赏预期的。当人和其他动物开始意识到期望中的奖赏受到威胁，甚至即将落空时，这些前额叶皮层会对杏仁核发出信号以及引发愤怒。

因欲求不满而引起的愤怒反应，心理学家称为"挫折攻击假说"（frustration-aggression hypothesis），这在动物中十分常见。举例来说，当一只猫的大脑奖赏回路被人为激发之后，它们会感到强烈的兴奋，而如果这种刺激消退了，它们就会咬来咬去。每一次这种快感消退后，它们都会变得更愤怒。同样地，被蔑视了的爱人也会变得越来越暴怒。"我们所有的理智都会向情感投降。"布莱士·帕斯卡（Blaise Pascal，1623—1662，法国数学家、物理学家）曾写道，此人的确知道情绪能把我们变成什么样的牺牲品。

愤怒的需求不会直接指向失去的奖赏。一只暴怒的猴子会将它的怒气发泄在另一只地位更低的猴子身上，而非发泄在另一只地位更高的猴子身上。同样地，一位被拒绝的爱人也许会踢一把椅子，扔一只杯子，对着一位朋友或同事生气，而非去攻击一位出走的心上人。

所以浪漫爱情和被弃愤怒在大脑中是很好地关联在一起的。你仔细想想的话，就会发现这两种感情有很多相似之处。它们都牵扯到了身体或情绪的被唤起；都会产生过剩的精力；都会使得一个人执着地把注意力集中到某位心上人身上；都会产生目的导向的行为；都会引起强烈的渴望，渴望和心上人融为一体或者渴望报复一位离自己而去的心上人。

因此毫不奇怪我们的实验对象芭芭拉曾迁怒于我。她在做功能磁共振扫描时看着迈克尔的照片，一定会深深地感到内心的爱恋，然后受到压抑的激情很快转向挫败，这引起了她的愤恨和恼怒。我正好是个方便的出气筒。

"现代人就是早期人类的遗产。"精神病学家戴维·汉贝格（David Hamberg）曾写下这样一句话。为什么祖先会演化出来一个让我们去憎恨所爱者的大脑呢？

被弃愤怒的目的

愤怒是非常耗费身体的，它给心脏带来了压力，令血压升高，对免疫系统也会造成重压。因为在远古时期，这种浪漫之爱和被弃愤怒之间的联系被演化出来，一定是为了解决与求偶以及繁殖有关的重大问题。

一开始，我猜测这个大脑回路可能是为了完全不同的求偶目的而演化出来的，是为了抗击竞争对手。

"爱的季节也是战斗的季节。"达尔文写道。事实上，很多雄性动物在交配季里只做两件事：求偶，和竞争者打斗。公羊、公海狮还有其他一些物种的雄性都必须为了赢得交配而彼此争斗。因此我认为可能哺乳类动物的性吸引力和愤恨/恼怒联系得那么紧密是为了让适者能够很快地形成切换：对潜在配偶的吸引和对对手的愤怒。但这一理论在更进一步的审查下不再成立。

好斗的雄性们经常端着架势，像角斗士一样去捉对攻击，为了争夺爱情或荣耀。在比赛结束之后，赢的一方常会显示出胜利者的姿态，而输的一方则带着耻辱偷偷溜走，但双方都不会显示出狂怒。甚至有很好的生物学证据显示，为雄性和雄性之间的求偶争斗而设置的神经系统独立于大脑中掌管愤怒的系统而存在。这种竞争乃是由睾酮和后叶加压素升高所带来。由此看来人类被弃后的愤怒并非从他们用来与对手抗争的情绪/动机系统演化而来。

那么为什么人类的大脑轻而易举就能使得被抛弃的爱人憎恨起他或她爱慕的人来呢？

精神病学家约翰·鲍比在 20 世纪 60 年代就主张一个观点，即随着情爱失落而来的愤怒是自然生物学的设计之一，为的是重新得到失去的依恋对象。毫无疑问这种愤怒某些时候是服务于这种目的的，但愤怒可不是讨人喜欢的特质。我没法想象它在大多数情况下能诱使爱人回到分崩离析的关系中来。

因此我开始思考被弃愤怒的演化是为了另一个目的：驱使失望的爱人让自己摆脱这个已经陷入死结的游戏，舔舐伤口，重新修复他们对爱的需求去寻找更好的机遇。

更重要的是，如果被拒绝的人在这段已经破裂的关系的进行过程中已经有了小孩，那么这种愤怒将给予他们能量去为孩子赢取物资。你显然在当代的离婚事件中看过不少这样的行为了吧。调整得好的男人和女人都很快会露出残酷的一面，奋力去夺取资源给自己的后代。事实上，有一位经常主理暴力犯罪案件的美国法官曾报告说，他最为担心自己人身安全的情况是办离婚诉讼，特别是还涉及孩子的监护权时。他和其他法官甚至会在会议厅里设置紧急按钮，为的是当发现争吵之中的离婚配偶发展至暴力相向时能够用来呼救。

我一点也不奇怪被弃愤怒某些时候会爆发成暴力。被遗弃的男人和女人在一位离自己而去的伴侣身上已经浪费了难以计数的繁殖时间和精力，他们必须去重新开始自己的求偶行动。此外，他们的繁育前途受到了威胁——同时还有他们的社交联盟，他们的个人幸福，他们的名誉。他们的自尊受到了严重的破坏，而时间哗哗地流走了。所以自然赋予了我们最强有力的净化机制来帮忙驱走离弃的配偶，以使得我们能够继续生活下去，那便是愤怒。

　　但是呢，这种愤怒并不一定会让一个人消除对离去伴侣的爱，那份渴求，或性欲望。

　　在一个针对 124 对恋人展开的有趣研究中，心理学家布鲁斯·埃利斯（Bruce Ellis）和尼尔·马拉姆斯（Neil Malamuth）发现，浪漫爱情和他们称作"愤怒/难过"的表现对不同类型的"信息"有不同的反应。一个人"愤怒/难过"的程度会随着事件对自己所追求目标的破坏程度不同而发生变动，像是不忠和缺乏感情承诺。一个人浪漫爱情的程度也随着对自己所追求目标的促进程度而变动，像是社会性鼓励以及在床上的美好时光。因此爱和愤怒/难过虽然是紧密联系的，但却各属于独立的系统，它们可以同时操作。简而言之，你可以既怒不可遏又爱意绵绵，就像芭芭拉那样。

　　最后，不管如何，所有的这些情感都将衰减。集中在已离去伴侣身上的注意力，想要赢回心上人的动机，摊牌的决心，分离焦虑，惊慌，甚至愤怒：一切随着时间消散。然后被抛弃的人就必须去对付新的折磨了——放弃和绝望。

第二阶段： 放弃

"长相思，摧心肝。"公元 8 世纪的中国诗人李白写道。最终这位绝望的恋人还是放弃了。他们的心上人一去不复返，而他们自己也精疲力竭。很多人重重跌入无望之中，他们在床上辗转哭泣。被这种悲痛的烈酒所麻醉，一些人呆若木鸡地坐着，两眼空洞。他们无法工作，也无法进食，可能偶尔会有冲动冒出来去重新追求失去的爱火。一般来说，他们感到深深的抑郁。没有什么能把他们从痛苦中掘出来——除了时间。

失去心爱的对象往往会在人或动物身上引发深切的悲哀和抑郁，心理学家称之为"绝望反应"。在第 1 章讨论过的爱情调查里，61% 的男性和 46% 的女性说他们经历过认为自己的心上人再也不爱自己的绝望时期。（附件问题 53）在一项 114 名过去 8 周中正好被伴侣拒绝的男性和女性参加的研究中，超过 40% 的人经历了"临床可测抑郁"，在他们之中，12% 显示出了中度到重度抑郁。人们甚至会因为心碎而死，他们因为抑郁引起的心脏病突发或中风而过世。

男性和女性对付情伤的方式也有所不同。

男人经常对他们的浪漫伴侣更为依赖，这也许是因为从一贯来讲，男人与亲友的连接更少。可能由于这一点，男人在被拒后的绝望中更多求助于酒精、毒品或鲁莽驾车，而非他们的亲戚或死党，把他们的难过掩埋于内在的精神核心。一些人甚至在抑郁量表上得分很低，因为他们把自己的苦难用面具极大地藏起来，甚至对自己都加以隐瞒。

即便很多人伪装他们的悲伤，但通过和被拒绝的男人面谈，观察他们的工作业绩、日常习惯和他们与朋友的交流，通常都会察觉出他们有不健康的迹象——生理上和心理上都有。男人还会用最戏剧化的方式来表现悲伤：他们在爱情受挫后试图自杀的概率是女性的 3 到 4 倍。诗人约翰·德莱顿（John Dryden，1631—1700，英国人）如是描述："死亡是一种快乐，当活在痛苦里。"

女性经常承受不一样的痛苦。在世界上的各种文化中，女性严重抑郁的比例都是男性的 2 倍。显然，她们会因为很多原因而抑郁，但常见的一种就是情人的抛弃。在关于爱情拒绝的研究中，女性体现出更剧烈的抑郁情绪，特别是绝望。

被拒绝的女人会哭哭啼啼、体重下降，睡得太多或索性不睡，没有性致，无法集中注意力，记不起普通的日常的事，回避社交并想到自杀，被锁在沮丧的地牢中，她们几乎没法处理生活最基本的琐事。一些人写下自己的哀怨。很多女人讲个不停，几个小时地煲电话粥，对着同情者的耳朵哀叹不休，一遍遍重复。虽然这些唠叨给了她们一些缓释，但这些已破碎之梦的回放也会带来负面效应。当一个女人老是想着已结束的关系，她就是助长了不散的阴魂——经常是不经意又重新伤害到了自己。

这种被拒后的第二阶段表现——放弃并且绝望——在其他物种身上也得到了记录。哺乳动物的婴儿和母亲分离之后会承受极大的痛苦。还记得那些小狗吗？当你把它们隔离在厨房中，一开始它会抗议，最终，不管怎样，它会沮丧万分地蜷曲在角落里。

被抛弃了的猴婴会吮吸着自己的手指或脚趾，抱紧自己，经常还会像胎儿那样屈着身体来回摇晃。

绝望的感觉和哺乳动物（包括人类）大脑中好几个不同的网络相关，其中有大脑的奖赏系统和它的燃料——多巴胺。随着被抛弃的伴侣逐渐认识到这种奖赏将永远不会回来了，中脑里面制造多巴胺的细胞（在抗议阶段十分活跃）终于减弱了它们的活动，而多巴胺水平的下降会导致昏睡、沮丧或抑郁。感受压力的系统对此也有贡献。你可以回想一下，短期压力会激活多巴胺和去甲肾上腺素的制造，同时抑制 5-羟色胺的分泌。但是随着被抛弃带来的压力渐渐消退，它会使得所有这些潜在物质的分泌水平下降到低于正常水平——如此带来更深层的抑郁。

莎士比亚把大脑叫作"灵魂的脆弱居所"，它同样也是浪漫爱情的脆弱居所。

作为适应的抑郁

就像被弃愤怒一样，这种绝望反应也是有负面作用的。当你失去一位心上人时，遭受痛苦和磨难的意义何在呢？难道重新恢复力量不是比浪费在哭哭啼啼上要好得多吗？

现在有很多科学家认为，抑郁还是有一定用处的，这种复杂的大脑回路几百万年前就开始演化出来，作为一种应对机制。一些人主张它最初是为了让被抛弃的哺乳动物婴儿保持体力，不让它们在妈妈回来之前到处乱窜，安安静静地待着不要被掠食者发现。抑郁以这种方式使得动物在压力期间保持体力。抑郁也可能促使人类祖先放弃没有希望的冒险，调整到更为成功的策略去达到自己的目标——特别是像赢得婚配这种事关繁殖的目标。

绝望是如此让人虚弱的经历，它被演化出来一定有其必然的理由。人类学家爱德华·哈根（Edward Hagen）、生物学家保罗·华生（Paul Watson）和精神病学家安迪·托马斯（Andy Thomas）提供了一个我特别喜欢的说法。他们认为抑郁的高消耗和社会代价恰恰是它的裨益：一个人的抑郁恰恰是诚实、可信的信号，告诉其他人有些事情出了大问题。因此抑郁被演化出来，正是为了在迫不得已的时刻帮助处于压力之中的祖先发出寻求社会支援的信号，特别是在他们没法口头说服或使用强制力来使得亲友们伸出援助之手的情况下。

一个例子是，当生活于几百万年前的一位祖先女性，她的丈夫公开追求并和部落里的其他女性交配时，一开始这位祖先女性会愤愤地抗议，因嫉妒而狂怒，并试图让丈夫驱走插足者。盛怒之下，她还会请求自己的父亲或其他亲戚来支持自己的要求。但是言语和发火都没法影响到其丈夫和亲戚们，接下来，她就会变得深深抑郁起来。这份痛苦会进一步扰乱部落生活，且不说她采集果蔬和照看小孩及其他亲戚的能力都受到了影响。因此最后她的沮丧终于策动亲人们把这位明目张胆的丈夫驱赶出去，并开始安抚她直到她可以恢复活力，找到一位新的男人，从而为这个团体贡献更多的食物、更多对小孩的照看和更多的欢乐。

公元前 5 世纪的古希腊剧作家埃斯库罗斯（Aeschylus）还看到了抑郁的另一个好处。他在《阿伽门农》中宣告说："智慧自苦难中得来。回想起从前的灾难，痛苦会在梦寐中一点点滴在心上，在我们自己的绝望中，与我们的意愿相违背。这就是恩威并施的神赠予我们的智慧。"抑郁，简而言之，能够给你洞察力。科学家现在已经能够解释这是为什么了。那些轻微抑郁的人能够对自己和他人做出更清晰的评估。就像心理学家杰弗里·萨德（Jeffrey Zeig）所说的那样："他们经受了否认的挫败。"严重和较长期的抑郁甚至能够推动人们去接受不快乐的事实，做决定和解决冲突，最终都将提高他们生存和繁衍的能力。

因此，就像抗议反应一样，被拒绝带来的绝望可能是出于许多原因被演化出来的。这其中，抑郁的情人得以重新召集身边那些熟悉的、热爱的、有耐性的、有同情心的朋友和亲戚，利用他们更有经验的睿智来评估自己和失败的情感关系，建立新的目标，重新审视自己的求偶策略，再一次去碰运气——可能会赢得一位更加适合自己的伴侣。被拒绝的男性或女性所承受的折磨甚至也能指导他们未来不要去犯同样的错误。

在讨论绝望的演化学意义时，显然还必须注意区分因爱情受挫导致的抑郁和伴随着严重长期的内部精神障碍的抑郁，比如说双向情感障碍型抑郁。我们在这里讨论的，是那种正常状态下平衡良好的男女在被心上人抛弃的情况下一度经历的深刻悲愤。

显然，每个人痛苦的程度也有所不同。我们会对被拒绝作出何种反应取决于各种力量——包括我们的成长背景。在孩童时处于安全依恋的人有足够的自尊心和适应力来相对迅速地克服一个情感挫折；而那些在缺乏爱的家庭中伴随着紧张气氛、混乱和抛弃成长起来的人则会以其他方式表现出依赖、无助。随着我们进入生活开始冒险，我们形成了新的关于能力和无能的感觉，各种不同的情感期待，各种不同的应对机制，它们都会影响我们如何挨过失败的感情。一些人比其他人具有更多的交配机会，他们轻而易举就能用其他的爱情取代拒绝了他们的人，从而减轻抗议和绝望的感觉。我们的思维方式也各有不同，一些人会愤怒多于抑郁，会更自信，总的来说对生命里的灾难特别是这种情感受挫更加无所谓一点。

尽管如此，当被心爱的人甩掉时，我们人类还是有各种错综的痛苦。世界上各个角落的男女应该都能想得起来伤痛中的苦涩细节——即便时光已经把那份混乱带走。出于一个很好的演化学理由，那些爱过、交配过、生育过的人会把自己的基因传递到下一代，而那些失去爱和性以及生育机会的人最终会灭绝。

我们被设计为爱情失败时要承受痛苦的生物。

被拒导致的情绪还能指引一些男人或女人做出有着该隐的致命印记的行为。

激情之罪：嫉妒

"我们一定都哭了，从多年的爱恋里解脱，在这最后一吻里我环抱着你，又放开，你再次自由了。"诗人亨利·金（Henry King）能做到对一位准备离去的爱人放手。

有些人觉得这难以做到，嫉妒在这个世界上很普遍。事实上，就像在第 2 章里面讨论过的那样，这种占有排他在自然界中是如此常见，以至于科学家把它叫作"交配监护"。

当一段关系受到了竞争追求者的威胁之时，一些嫉妒的人会生闷气；另一些就去独占另一半的闲暇时间，不让爱人去参加舞会，甚至另一半在社交场合和其他人说话的时候也责备对方；一些人则试图让对方也产生嫉妒。很多人也试图让自己比一位潜在竞争者显得更重要、更性感、更富有或更聪明。一些人用礼物和感情来让心上人不分心。还有一些人威胁伴侣说如果你去找别人我就自杀。

男性和女性都会因为很多一样的原因而产生嫉妒。不管是谁，看到自己的伴侣和其他人调情，他们都会变得占有欲爆棚。倘若伴侣和别人亲吻、爱抚、上床被自己抓到现行，那往往会让人发狂。在人生的不同时间段或在不同的社会中，引起男人和女人的嫉妒的事物是不同的。但年轻的男性和女性确实在什么引起了抛弃感和如何应对内心的嫉妒方面表现出了一致的差异。

男人会被真实发生的或者想象中的身体不忠所激怒。这种男性偏好可能有演化上的根源，因为他们一旦戴绿帽就将面临可以想象的风险：花费大量时间和精力去养育别人的 DNA。男人也更有可能被对手挑战，被恶毒的话或重拳攻击。在很多社会中，男人都比女人更无法原谅他认为有身体出轨行为的配偶而要付诸离婚——可能正是男性害怕戴绿帽这一倾向的反映。

如果说男人害怕戴绿帽，女人则害怕被抛弃——情感上和经济上都如此。所以如果关系一旦确立，女性会一步步克服困难。女性比男性更不在意配偶和竞争者的"一夜情"或短暂的身体放纵。但如果一个女人认为她的配偶和另外一个女人在建立认真的情感依恋，或得知他把时间和金钱花在竞争者身上了，她会变得相当嫉妒。

这种行为也有着达尔文意义。几百万年来，祖先女人们都需要伴侣来帮忙一起养育后代。因此，女性演化出了一种大脑机制，在伴侣为了其他人而收回资源或情感支持，或是抛弃这段关系的时候会表现出极其激烈的占有欲。

"爱就像火炬，如能维护好不爆，那就微微地燃烧，却持久，若因嫉妒和怀疑而爆，火焰将更甚，却很快都没了。"诗人威廉·沃尔什（William Walsh，1662—1708）写道。第一眼看来，嫉妒就像是爱情的丧钟。但是心理学研究者认为它可以刺激当事者用声明忠贞或依恋的方式去安抚产生了怀疑的伴侣，实际上，这种消除疑虑的举动反倒有利于关系的持久。

嫉妒可以破坏一桩感情，无论如何，这种反应也可以是自适应性质的。妒火中烧的男人和女人往往会找到关系破裂的真实信号。他们如果每天还把心思放在一个已经丢弃承诺的恋人身上，就会丧失寻找其他合适伴侣的机会——染上性病的风险也会升高。

因此嫉妒具有繁殖上的回报，它能够加固或摧毁一段关系。不管哪一种，都是有用的。作为结果，这种不怎么让人愉悦的特征被深深融入了人类的浪漫爱情之中，也属于远古非洲草原上的先祖们为了赢得求偶游戏而必需的强烈情感之一。

当恋人另择良伴而去，无论如何，嫉妒，抗议的冲动，抑郁的感觉以及所有其他伴随失恋而来的影响就会导致暴力——还有灾难。

跟踪、殴打、谋杀

男人会跟踪。他们强迫症一般地尾随那些离开了自己的情人并经常威胁或骚扰她们。一些人会向对方发送令人厌恶或表示哀求的信息；一些人会偷走对方的财物或私人物品，比如内衣；一些人开着车跟踪，黏着前任；还有一些人在前伴侣的家附近或公司附近游荡，找机会上前讽刺或请求。一个在美国大学生中开展的研究显示，34%的女性说她们曾经被自己拒绝过的男性跟踪或骚扰。每12名美国女人当中有一个会被一名男性跟踪，一般是前伴侣或前情人。事实上，司法部门的报告说甚至每年有超过100万的美国女性被跟踪过（大多数处于18岁到39岁），其中59%是被男友、丈夫、前伴侣或同居伴侣跟踪。每4名女性中有一名遭受过跟踪者的击打、抽耳光、推搡或其他形式的身体伤害。事实上，来自3个不同大陆的5个独立调查报告表明，这些事件中有55%到89%是针对前任性关系对象的。施暴者大多数是男性。

男人会攻击。1/3的美国女人寻求过紧急医疗救治，其中每4个当中有1个曾试图自杀，而有大约20%寻求孕期护理的怀孕妇女曾被亲密伴侣殴打过。在一个对31名被殴打的美国女性的研究中，29名女性报告说男性伴侣的嫉妒是引起攻击的主要原因。这些统计数据一点也不让人惊讶，各个角落里都在发生的打老婆事件的主要诱因就是男性的占有欲。

男人还会杀人。美国有32%的女性被害者是死于伴侣、前伴

侣、男友和前男友之手，有专家认为真实的比例可能会达到 50%
乃至 70%。这些杀手中有 50% 一开始曾经跟踪过他们的恋人。男
性犯下了绝大多数谋杀配偶案，其他国家的情况也好不到哪里去。

最经典的嫉妒杀人事件发生在莎士比亚的《奥赛罗》中，简直
是一团糟。奥赛罗是一位黑皮肤的摩尔人，因其在威尼斯对土耳
其的战争中战功赫赫而被提拔为将军。回到威尼斯之后，他遇见
了一位参议员的女儿苔丝狄蒙娜，两人瞬间陷入爱河，并偷偷地
结了婚。这桩好事当中有位叫作卡西奥的助手功不可没，为了奖
励这名年轻的士兵，奥赛罗把他提拔为首席副官。

另一位副手伊阿古非常觊觎这个职位，于是对卡西奥和奥赛
罗怀恨在心，发誓要报复他们。此人可称作是西方文学中最为腹
黑的坏蛋形象。他施诡计让奥赛罗对苔丝狄蒙娜的忠贞渐起疑心，
以为她和卡西奥有染。摩尔人内心十分天真，奥赛罗很快就因为
嫉妒而勃然大怒，发起飙来："我宁愿做一只癞蛤蟆/吸地窖里的
湿气/我也不愿在我爱的东西里留一隅/被他人享用。"最后他发狂
掐死了心爱的忠诚的苔丝狄蒙娜。

从历史上来看，很多社会都纵容过这种男人们为了防备入侵
者或擅自逃离者的偏好。英国普通法认为杀死一位不忠的妻子是
可以理解的，甚至是正当的——如果是出于激情的驱使的话。欧
洲、亚洲、非洲、美拉尼西亚以及美洲印第安人的法律传统中，
也都可以原谅一位妒火中烧的杀人凶手丈夫。直到 20 世纪 70 年
代，美国还有几个州的法律是允许杀死通奸的妻子的。

这些暴力的根本，乃是男性们保护自己不被私通者所利用的
原始冲动，以免为他人抚养子嗣、传递 DNA。所以一点儿也不奇

怪，美国女性——不管其种族和经济背景如何——死于亲密关系之手的数量远远高于男性 6 倍之多。

女性的报复

　　女性在对竞争者感到嫉妒和担心被抛弃的时候，不大容易去采取伤害或谋杀这些极端措施。她们更多地去斥责自己的不足并试图以吸引和引诱来重新捕获伴侣的情感以及重建这段关系。她们也更倾向于试图明白问题所在以及讲道理。但当所有这一切失败之后，一些女人会实行跟踪。在 1997 年，大约有 37 万美国男性报道自己被跟踪过，他们大多数年龄处于 18 岁到 39 岁——这是生育能力最强的年龄段。

　　和男性不一样，很多女性跟踪者有其他的精神问题。但是和男人一样，她们会发送电子邮件或信件，不停地打电话，或在她们强迫症般地跟随已经分手的伴侣时出其不意地出现。我认识一个女人曾经睡在她前任的门阶上。

　　女人也会去杀死抛弃自己的情人，但这么极端的还是极少数。在 1998 年，被他杀的男性中仅有 4% 是死在前任或现任伴侣手上。

　　在所有关于女性伤害的故事中，最让我震惊的是美狄亚——科尔基斯公主。公元前 5 世纪的古希腊悲剧作家欧里庇得斯（Euripides）写道，美狄亚"疯狂爱着"伊阿宋，一个希腊人。为了帮助他拿到金羊毛，她背叛了自己的父亲，让自己的姐妹们一起来对抗自己的弟弟并杀死了他，最后自己也不得不流亡。随后美狄亚和伊阿宋带着两个孩子一起长途跋涉来到科林斯湾，但是天晓得，野心勃勃的伊阿宋居然抛弃了她去迎娶科林斯国王克利翁的女儿。美狄亚的孩子的保姆如此形容女主人："她不吃东西，带着巨大的痛苦崩溃瘫倒，长时间以泪洗面。"最后饱受折磨的美狄亚送给了伊阿宋的新妻子一件婚礼礼物——一件浸毒的礼服，它把科林斯公主和国王都给毒死了。但是美狄亚并未因此放过伊阿宋。她手刃了他们一起生的两个儿子。就效果来说，美狄亚谋杀了伊阿宋活着的基因并且摧毁了他繁殖后代的未来。

和爱一样，恨也是盲目的。对一些人来说，因此而生的暴力没有极端，只有更极端。这种暴力，至少部分是被大脑中的化学物质所驱使。你回想一下，当爱人们刚开始遭到抛弃时，他们会抗议——一种伴随着狂飙的多巴胺和去甲肾上腺素的反应。这些天然兴奋剂的水平激增可能给了这些跟踪者、伤人者和谋杀者以聚焦的注意力和疯狂的精力。此外，升高的多巴胺水平经常会降低大脑中的5-羟色胺水平，而低5-羟色胺水平则与易冲动和对他人暴力相向有关。

显然，跟踪者和谋杀者都对自己的激情犯罪负有责任。事实上，我们早就演化出了炉火纯青的大脑机制用以抑制我们的暴力冲动。不仅如此，我们体内还有着一种"致命的反射"，即心理学家威廉姆斯·詹姆斯（Williams James）所称的人类暴行。那些可悲的男人和女人的确未对其加以克制：他们杀死了自己的心上人。

还有一些则杀死了他们自己。

为爱自杀

人类是这世上唯一的出现了大量暴力型自杀的生物。

关于为何健康的人会杀死他们自己这一点，很难得到确切的解释，可靠的统计一直欠缺。失去钱、权力、地位或尊严，或是意识到再也无法达到追逐已久的目标，以上原因都会驱使一个人结束自己的生命。但大多数男人和女人并没有很多钱、权力、威严或难以企及的目标。他们只不过是，不管不顾，泥足深陷于爱，而浪漫爱情，如你所知那样，和高水平的多巴胺或去甲肾上腺素有关——这两种大脑物质经常会使得5-羟色胺水平降低。这并不仅仅是巧合，我想，自杀和低5-羟色胺水平有关。

总而言之，当一份爱情变质，人类大脑就已经在化学上做好抑郁的前奏了——甚至可能是自我毁灭。我怀疑世界上很多自杀的男人和女人是因为失去了爱而这么做。几个世纪以来，日本人甚至非常尊崇这种行为，把"殉情"当作是一个人自我献身的荣誉宣言。

殉情未遂在远古甚至可能是一种适应性行为。企图自杀的个体多为女性，往往并未成功。心理学家现在相信这是情绪失控的女人们争取让情人们回头的极端策略，但是天哪，很多人没有判断好尺度，从而错误地杀死了她们自己。自杀毫无疑问是不适应环境的，然而它在各地普遍流行，特别是在人类当中，对于这些不幸的人来说，爱的冲动压制了他们活下去的愿望。

"多么残酷，你说。但我不是没有警告过你。我是不是需要为你数一遍爱的道路？恐惧、嫉妒、报复、痛苦，它们属于情人们无辜的游戏。"这些来自凯尔特传说《特里斯坦与伊索尔德》中的句子世代流传。你如何才能遏制自己对于一个已拂袖而去的恋人的这种激情呢？你如何能在一位自己觉得有吸引力的人身上诱发浪漫，甚至在自己身上制造出浪漫迷醉？或许最重要的问题是，个人如何能够在一段长期伴侣关系中保持浪漫的欣喜？

我认为我们是能够控制这种激情的，但必须要去哄哄大脑。

第 8 章

控制激情：让浪漫持久

08

怎么和你说起？　让我们，噢我的鸽子，

让我们灵魂坦荡裸露；

仿如大地赤条条躺于天空下，

怎对此加以控制，

爱还是不爱？

　　　　　　　——罗伯特·布朗宁《两个人在平原》

　　"随着她命运发生变化，她整个性格也都显示出了变化。原来的悲伤懊恼还有精神压抑统统抛到了脑后，开始呈现出所有年轻人的简单和快活……她变得爱玩、自信满满、和蔼并有同情心，眼睛透出新的闪光，脸颊也呈现出前所未有的色泽和光滑。她声音变得很愉悦，脾气变得非同一般之好，而迷人温柔的微笑也每天点亮她的面容。"这是清秀、神采奕奕的褐发女子玛丽·沃斯通克拉夫特（Mary Wollstonecraft，1759—1797，英国作家、哲学家）坠入爱河后的写照，她是 18 世纪英国女权运动的创始人。

　　"爱情的天气如此明媚。"威廉·卡文迪许（William Cavendish，1640—1707，英国军人和政治家）写道。事实上，我们在爱上一个人的时候会发光发热。我们既苦恼又期盼。大部分人都会异常渴望，想见到对方、抚摸对方，爱对方也被对方所爱。被自然中最有挑逗性的化学物质所驱动，我们聚集起能量和注意力，寻找奖赏。浪漫爱情是一种驱使、一种向往、一种需要——一种原始的交配冲动，在某些时候比饥饿还要更难耐。

为爱上瘾

全世界的文学甚至把浪漫激情说成是一种形式的饥饿。在古代希伯来情诗《雅歌》中，女主角吐露衷肠："我等着他的爱来充饥。"在中国古代小说《碾玉观音》中，张白对着心上人美兰说道，我"渴求见到你"。在阿拉伯传说中，马南大喊："我的心肝，给我一点问候、一点消息、一句话吧，我想要你的一个信物、一个手势，想得发狂。"理查德·德-富尼瓦尔（Richard de Fournival）在他的书《爱情建议》（*Advice on Love*）中描述这个魔法："不能消灭的火焰，一种永不能填满的饿。"

因为浪漫之爱是如此令人愉悦的"高潮"，因为这种激情如此难以控制，也因为它可以产生渴望、痴迷、强迫，对真实的曲解，情感和身体的依赖，人格的改变，以及自我失控，所以很多心理学家把爱认为是一种上瘾——在你得到回报之际它是正面的瘾，在你被拒又不舍之时它就是一种可怕的负面的固恋[1]。

我们的功能磁共振扫描实验支持了这一论点：爱就是毒品。

实际上，直接或间接地，所有"滥用的毒品"都会影响大脑中的一条通道，即中脑边缘的奖赏系统，它会被多巴胺激活。浪漫之爱会借助同样的化学物质刺激同一通道。当神经生物学家安德雷斯·巴特尔斯和赛米尔·泽奇把他们找来的饱受爱情摧残的实

1　固态（fixation）在心理学中特指固着、固恋，意为儿童时代或婴儿期形成的对人或物强烈的依恋，表现为不成熟或神经质的行为，贯穿人的一生。——译注

验对象的大脑扫描图片去和那些可卡因或阿片类药物上瘾者的大脑扫描图片做比较时，他们发现被激活的区域很多是相同的，包括岛叶皮层、前扣带回皮层、尾状核和壳核等部分。

不仅如此，这些迷了心窍的恋人们还表现出了上瘾的典型症状：耐受、戒断和复萌。一开始，他们只需要不时看到心上人就会感到满足，但随着瘾加大，就会需要越来越多的"药"，他们会听到自己内心中的声音："我渴望你""我要你要不够"，甚至"没了你我就不能活了"。只要隔几个小时和心上人断了联系，他们就想重新启动一下；电话响了，不是他或她的，他们就很失望。

如果心上人解除了这段关系，当事人就会出现所有毒品戒断的常见特征反应，包括抑郁、忍不住哭泣、焦虑、失眠、胃口不好（或反过来暴饮暴食）、易怒、慢性孤独。像所有上瘾者一样，恋人接下去会采取不健康，不顾廉耻，甚至危及身体的方式去获取他们的麻醉品。

恋人们像毒品上瘾者一样会复萌。在关系结束很久以后，很简单的事件——像是听到一首特别的歌或故地重游——都会重新激起对对方的渴望和强迫性的想要打电话或写信给对方的冲动，只为了又一次得到"高潮"：和心上人在一起的浪漫时刻。拉辛很清晰地指出这一点，他称作"为情所役"。

在遭到拒绝时，我们如何能走上让一切恢复常态，让心灵获得解脱的旅程？我们如何与下一对象重新启动浪漫？我们如何让这种激情延续？

相思病：让它走

"没有任何事物能控制热爱╱或停下它风驰电掣的脚步。"莎士
比亚如是言。他相信浪漫激情是无法控制的，但我却认为这种上
瘾可以被克服，想做到仅仅需要决心与时间。了解一些大脑功能
和人类天性的知识也将对此有帮助。

一个有用的开端是，你必须把所有和上瘾物——亦即那位心
上人——有关的痕迹扫除。把卡片啦，信件啦什么的都扔到垃圾
箱去或者用个盒子装起来，放到不是随手就能拿到的地方。任何
情况下，都不要再打电话或写信了。如果在办公室或者大街上见
到这位前爱人，赶紧逃走，为什么要这么坚决呢？因为查尔斯·
狄更斯说过："爱……那是会茁壮地长上好长一阵子的，哪怕就给
一点微不足道的食物。"即使和"他"或"她"做最短暂的接触都能点
燃你的爱欲大脑回路。如果你希望能恢复常态，就必须删除偷心
贼的所有痕迹。

冥想。找到一首曲子并且在心中默默重复。一些对你或你的
未来而言是积极的事会最好不过，即便那不是真的，像是"我爱和
一位我自己的灵魂伴侣在一起"这种。选择一些事物，它们可以提
升你的自尊，把思绪从失败的关系中清理出来并投射到一段有可
能成功的关系。当你不可遏制地想到"他"或"她"时，就去想他们
的缺陷，把对方的错误写下来做一张列表带在钱包或口袋里。你
甚至要启动幻觉，想象和另一位自己爱慕倾心的对象手挽手走在

一起，而那才是一位完美伴侣。让一切向上发展，向好的方面发展。有人盘踞在你大脑里，你必须把这个恶棍撵出去。

北喀麦隆的富尔贝人就是这么干的。一个着了魔的恋人会雇佣一个萨满巫师，用做仪式的办法来帮助驱逐脑海里那个拒绝了自己的人。古代的阿兹特克人则使用咒语，其中有一段还保留了下来："出来吧玉米神，你要让发黄的心平静下来，绿色的愤怒、黄色的愤怒都要出笼了。我会让它走开，我会让它滚开——我，肉身精灵，我，魔法师，通过这杯药水精灵，要让这颗心大变样。"

让自己变得很忙，这一点很重要。当你过于抑郁时，下决心让自己从床上下来并不容易，这就要强迫自己去做。像《圣经》说的那样："拿起你的床，也要往外走。"做吧，让自己分心。召唤朋友，拜访邻居，去心有向往之地，玩纸牌或其他游戏，背诵诗歌或历史大事件，学画画或学吉他，听音乐，跳舞，唱歌，做填字游戏，养只狗或猫或小鸟，去完成一段一直在构想的假期，把自己关于未来的计划写下来，深呼吸和/或其他放松的技巧。做任何能够让自己集中注意力的事情，特别是你能做好的那些。

为什么呢？这是因为没有回应的爱一旦消失，就极大可能会导致多巴胺水平急速下降，而一旦你把自己的注意力集中起来去做一些新鲜的事，就又提升了这种让人感觉良好的物质，促生了能量和希望。

对于失恋者来说，健身是特别好的方式。每次你一屁股坐在椅子上，坐在电话旁边，或者看着窗户，你就给了那位不知所踪的心上人以机会，重新回来焚烧你刺痛的心。健身可以扑灭这火焰。任何体育运动都可以提升你的情绪。慢跑、骑车或者其他形式的费力气的身体运动，都被证实能提升大脑中伏隔核的多巴胺水平。锻炼也能提高5-羟色胺和内啡肽的水平，而且它也能提高记忆中枢海马体中的脑源性神经营养因子（brain-derived neurotrophic factor，简称BDNF，是脑合成的一种生长因子，可刺激神经轴突外长，支持神经元的存活）。事实上，一些心理学者相信运动（有氧或无氧）就像心理疗法或抗抑郁药物一样能够有效地治愈抑郁。[1]

还有一种受挫恋人滋补品是阳光。它可以刺激松果体，这是用来调节身体节奏的大脑中枢，经常能够舒缓情绪。所以做一件在阳光下进行的事，最好是出门去做。

就像本杰明·富兰克林在他的《穷理查年鉴》[2]（*Poor Richard's Almanack*）中所为，我也冒个险，要为一位受挫的恋人奉上这些建议：避免吃甜食或药物，它们会给你的身心带来压力；懂得感恩；乐观能治愈你；像古人那样大步地走（第6章已讨论），它对你的肌肉或大脑来说优雅而放松；微笑，即便内心在哭泣也请保持笑脸，这些面部肌肉的神经元能够刺激大脑中的神经通道，并将给你带来高兴的感觉，哪怕只是想象一下你是快乐的，这种方式也能激励大脑中的快乐因子。

"带苹果来坐我旁边，拎酒壶让我痛快喝下，因为我已经为爱

1　Rosenthal 2002. 新的数据表明，当老鼠不被允许进行每天的例行跑动时，与渴望食物、性和麻醉品相联的脑部区域呈激活状态。——原注

2　富兰克林写的一本书，虚构了一个理查德·桑德斯（即"穷理查"），里面的谚语、格言和箴言有的是他自己创作的，有的不是。它们使富兰克林的妙语和哲学得到传播和普及。——译注

病了。"《雅歌》中的某位恋人这么吟唱道。我想几千年前那些被抛弃的恋人们就一直在寻找能够排解的东西和阳光,写下慰藉的格言,求助于草药疗法、身体锻炼,以微笑来缓释相思之苦。

十二步法: 扫除爱瘾

有一种方法可以帮助你去遇见新人,学习新的应对机制,形成对生活和爱的新展望,那就是加入"十二步"程式。这个革新运动始于 20 世纪 30 年代,当时有两个美国人,比尔·W. 博士和鲍勃博士,达成了一个互助戒酒的约定:他们中的任何一位,不管什么时候,不管白天黑夜,只要感到酒瘾发作了,就可以给另一位打电话。基于这个交换条件,他们创立了"匿名戒酒协会"(Alcoholics Anonymous,简称 AA)的原则和规矩。如今这个用来克服成瘾的绝妙招式已经被一百多个相同的组织所效仿,从"匿名戒赌协会""匿名戒暴食协会",一直到"匿名戒性爱成瘾协会"。每个组织都遵从同样的生存十二步——一系列别出心裁的口号、规则和实践,用来帮助世界各地的瘾君子们康复。

"每天一次"是基本信条。对于"匿名戒酒协会"的成员来说,考虑余生都要放弃杯中物简直是不真实——且不说不可能——的一件事,但可以做到的是一个小时接着一个小时来抵制这怪物。"就今天,"他们告诉自己,"我不喝。"同样的,巧克力上瘾者可以下决心今天一条巧克力也不碰,赌博上瘾者可以下决心今天不下注,被拒绝的恋人也可以下决心不去和心上人联系——就今天。

"如果你不想滑倒，就别去地滑的地方"是另一条"十二步"口号。应用到爱瘾者头上，就意味着：离你和心上人曾去过的饭店远一点，再远一点；去新场子购物或健身；别放以前分享过的歌。总之，避免那些触发你对闹心前伴侣的欲望的"人、地、物"。

另一条格言是"第一口酒醉倒你"。简而言之，瘾君子们都知道，只要喝下第一口马天尼，吃下第一口巧克力圈，他们就必然要来第二口、第三口。同样要注意，别去打第一个电话，写第一封电子邮件，先开车到他或她家附近转转悠。和拒绝了你的爱人的第一次联系，必将无可避免地导致更多联系——以及更多痛苦。

可能最有意思的一条口号是"把酒向浮云"。对于"匿名戒酒协会"的成员来说，这意味着当你置身于讲究的婚礼上，盯着正在啜玻璃杯里头的香槟的漂亮人儿时，要努力想象这光鲜时刻可能带来的后果：持续数月的灾难性犯瘾。同样，被抛弃的恋人总试图浪漫回溯曾经的美好日子。因此他们会由着脑子里的伟大回忆驱使，从而抓起电话拨给抛弃自己的人。此刻也应该想想那些你的"真爱"再也不回电话的可怕周末。

"在一张网中我试图抓住风。"彼特拉克（Petrarch，1304—1374，意大利诗人、学者）写道。他明白再去找回一位已经分开的恋人是多么不可行。最好不过的办法是放弃毒品重建你的生活，并且要记住：你的前任是不会帮你的。大多数的感觉在道德上难加指责，然而它们会像犯罪一样伤害你。对方不会懂得该如何处置你的悲伤，或他们对于已决裂关系的感觉。所以当你主动联系时虽然他/她也许显得很友好，但多数人会非常混乱、迷惑，甚至愤怒于你去侵扰他们的新生活。

服用抗抑郁药剂

"我推你出门/欲望房客/你不交房租/我让你走人/所有的好房间都给你用了/我的思我的心/分离了/我推你出门/关了灯/在火上浇了水/我让你走人/顽固的欲望。"15世纪的法国诗人艾伦·查提尔（Alain Chartier，1385—1430）最明白浪漫爱情的感觉会多么顽固地占据人的思想。当事情开始变味了，就要倒掉它们。

现代医药能帮上你。

抑郁的类型有很多种。产后抑郁的女人和刚刚被开除的男人经历的一定不是同一种抑郁。被拒绝的恋人也许会被激起另一种形式的抑郁，大脑中也伴随着一些特殊的化学指纹。此外，深陷于最初"抗议阶段"的被拒恋人和那些已经完全放弃和好希望的恋人也会出现不同的症状。

不过，所有形式的"临床"抑郁似乎都呈现出了四个基本症状。认知功能障碍，包括没法像以前那样集中注意力在工作上，想不起每天的事情和任务，强迫性地纠缠于你的问题和痛苦，以及其他一些想法上的反常。情绪发生了改变，抑郁的男人女人们都在和失望、焦虑、害怕、愤怒或其他情绪失控状态缠斗。身体方面的问题也层出不穷，抑郁的人常会出现饮食和睡眠的障碍，或者沉迷于性。很多人考虑过自杀。

被拒的男人或女人常会显示出所有这些严重抑郁的症状，没办法应对，很多人求助于抗抑郁药物来缓解自己的极度痛苦。目前最流行的是那些能以种种方式提升大脑中5-羟色胺水平的药片。最普遍的是5-羟色胺再摄取抑制剂(SSRIs)。今天的5-羟色胺增强药物在美国已经是一个120亿美元的产业。大约有710万美国人正在使用某种5-羟色胺增强剂以对抗抑郁、压力、丧失之痛，或者对不幸爱情的绝望。

随着药物开始起作用，生理或心理上彻底的悲伤开始消散。你睁大眼睛盯着墙壁的时间逐渐减少，这是一种被精神科专家称为"植物状态"的阶段。晚上你能够彻夜安睡了，享受早餐、午餐和晚餐，更按时有效地回到了每天的日常工作。最后那停不下来的反思也减弱了。去联系"他"或"她"的冲动不再那么强烈。愤怒、绝望和渴望的感觉越来越少地打断你。这些药物甚至能够修复某些已经产生的身体损害。它们会刺激海马体的神经元的生长——海马体是大脑中的记忆中枢——由此修复由长期压力引起的损伤。

但是这些5-羟色胺增强剂也经常有副作用。有些人的体重会因此增加。据评估，70%的该类药物使用者都会遭受力比多下降，性欲衰减和/或勃起、射精、高潮障碍。这些药物也经常引发性冷淡，精神科专家称之为"情感迟钝"。

显然，所有这些副作用你都必须去承受，如果你已经觉得想要杀了自己或别人了。无论如何，明智的做法是定期重新评定你的状况并考虑以能提升多巴胺水平的药物来增补其作用，甚至直接就切换到多巴胺增强剂。市场上也有许多种。这些多巴胺提升物质在纾解自杀抑郁方面，不见得有明显可预言的效果，但对于很多患者来说它们是有用的。不像那些5-羟色胺增强药物，它们不会导致体重上升或性欲降低。事实上，患者们倒是经常报告说自己的性冲动增强了。

对我们来说最重要的是，当被拒的恋人通过服用抗抑郁药物来提升大脑中的多巴胺水平时，他们其实是补充了一些特定的物质，正因为缺少那些物质才导致他们出现戒断症状[1]。

雌二醇（一种雌激素）有抗抑郁作用，睾酮激素和甲状腺激素同样也有这种功效。P类物质（Substance P，一种神经肽）的工作原理似乎和抗抑郁剂相同，我怀疑阿片拮抗药（Opioid Antagonists）可能会缓解对浪漫爱情的渴望。此外，可以阻断促肾上腺皮质激素释放激素（corticotropin-releasing hormone，简称CRH）——一种在承受压力时释放的大脑激素——的药物或许很快就能在市场上买到了，它可以消除慢性悲伤。这一类或其他新的药物都承诺说能缓解抑郁症。

当然，没有某种抗抑郁药能缓解每一位患者。使用者必须和他们的医生一起来找到对自己最为合适的品种。此外，以上药物并不能完全战胜失去爱情的极大痛苦。它们也各不相同地具有某种副作用。即便它们并不像魔药一样能够对每个人都起作用，这些化学物质也远远好过你驾着车去跟踪前伴侣，在黑暗中哭得无法自制，对着电视机发呆，被愤怒和悲伤淹没。而任何一种做法，都好过自杀。

1　指停止或减少药物使用剂量或使用拮抗剂后所出现的特殊心理生理症状群，表现为兴奋、失眠、流泪、流涕、出汗、震颤、呕吐、腹泻、虚脱、意识丧失等。——译注

"谈话疗法"

"因为习惯几乎能够改变人的本性。"莎士比亚在《哈姆雷特》中写道,多么智慧之言。和一位心理治疗师谈谈你的困境,这样就能改变你思考或行为的方式,可以改变你的大脑活动。研究显示,心理治疗可以像抗抑郁药一样制造很多大脑功能方面的变化。事实上,一些时候"谈话治疗"可以同样有效地减轻严重的抑郁。

在一个已知的研究中,科学家比较了两组人的大脑图片:其中 24 位是未经治疗的成年人,他们受折磨于严重的抑郁症带来的冷漠、忧郁和绝望感;另外 16 位是没有任何心理疾病的人。一开始使用功能磁共振成像对每个参与者都做了扫描。抑郁症患者的前额叶皮层都显示了不寻常的活动,无论是尾状核还是丘脑(大脑中的转换站),控制组则没有出现这种情况。然后有 10 位来自抑郁组的实验对象使用了抗抑郁药物帕罗西汀(paroxetine),它能够提升 5-羟色胺水平,其他的抑郁组对象则代以 12 节心理疗法课程。这些人会再做一次大脑扫描。经过这两种治疗后,那些大脑区域非常明显的不正常活动都减弱了。

有趣的是,心理疗法使用者还得到了额外奖赏,这些男人和女人的脑岛部分都记录到了新的活动,而这能够起到阻止抑郁的作用。

其实无须去比较谈话疗法和药物疗法的优劣,很多精神病学家现在都相信将两者联合起来会比单独使用任何一种疗法要更有效。

以时间治愈

"万物都在流逝，没什么会常驻。"古希腊哲学家赫拉克利特（Heraclitus，公元前 544—前 483）如是写道。随着你移除那煽动你热情的刺激物，用口号来给自己上好电池，建立起新的生活习惯，会见新的人，找到新的爱好，也可能是找到了正确的抗抑郁药或者疗法/指导，你对于前恋人的瘾最终将平息。我们会愈合。有些时候这需要几个星期，更通常的情况是要几个月，较常见的情况是需要两年的隔离。但当某个阳光明媚的早晨，你会发现自己已经有一个星期或更长时间不去想那位令人伤心的前伴侣了，你的敌人再也没有盘桓在你的心头。

人们从来不会忘记真爱，这是显然的。乔治·华盛顿在忠诚于自己的妻子玛莎（Martha）之外，也曾对另一个男人的妻子保留了长达一生的热情。她是莎莉·费尔法克斯（Sally Fairfax）。历史学家相信美国第一位总统甚至从来没有亲吻过莎莉，也没有被她拒绝过。他们是朋友，但是华盛顿倾慕她。在他们最后一次见面的 25 年后，华盛顿给她写了封信，说他生涯中的任何一件大事："它们中的所有加在一起，也无法把我脑海中的那些快乐根除，我一生中最快乐的日子，那些有你陪伴的日子。"

无独有偶，中国 11 世纪的诗人苏东坡也曾写道："料得年年肠断处，明月夜，短松冈。"[1]

法国作家弗朗索瓦·莫里亚克（François Mauriac，1885—1970）写过这样的句子："唯有失去之后，我们才会知道失去了什么。"没有人会忘记，尽管如此，即便是那些被粗暴地丢弃了的人们也会失去他们的愤怒、辛酸和失望。你可加速自己的恢复，但这的确需要下决心，有时候需要用到药物和/或治疗，以及莎士比亚所说的"时间那不可听见的无声脚步"。

在所有烂情感的治疗之中，最有效的莫过于找到一位新的恋人来填满你的心。"且将新人驱旧人。"自从 12 世纪的教士安德列斯·凯培拉涅斯写下这样的句子以来，事情没有发生过变化。现代科学也非常同意这一点。随着你再次坠入爱河，你又重新提高了大脑中的多巴胺和其他"感觉好"化学物的水平。

我们能召唤爱情吗？

亲爱的海伦，我刚刚步入七十岁，并且再一次爱上了一个男人，他的世界观和我一致，但他承认不会爱我。我们在一起的时候很快乐（他还在从事他的生意）。我想问你的问题是，你认为在一起一年后有人有可能会爱上你吗？他认为我很好，一切都好，但是他为上一次破碎的婚姻所伤害，所以说不知道自己会不会再次爱上。我的感觉是，你已经别无选择了。我愿意听到你告诉我

1　妻子王弗死后苏东坡伤心欲绝，熙宁八年，他来到密州，是年正月二十日，他梦见爱妻，写下了这首悼亡词《江城子》。——译注

怎么做，因为我的心已经碎了，也不知道该做什么。

最近我从一位加拿大女性那里收到了这封电子邮件，我回了邮件，说我认为她能够去赢取那个男人的心——不过得使点儿劲。

你怎样才能把自己发疯的激情燃烧给别人？

一起做点新鲜的事。

实验室工作早就证实了激动人心的经历可以提升吸引的感觉。一个经典研究是，心理学家唐纳德·达顿（Donald Dutton）和阿瑟·阿伦（Arthur Aron）的"吊桥实验"。

在温哥华北部的卡普兰诺峡谷（Capilano Canyon）上有两座桥，一座是较单薄的吊桥，5英尺（1英尺＝0.3048米）宽，悬于230英尺的高空，下面是嶙峋的巨石和奔涌的河流；而在它上游还有一座更坚固、更宽也更低的桥。达顿和阿伦让几十个男人从这两座桥上走过去，而在这两座桥上，都会站着一位美丽的年轻女孩（研究团队的成员），她会要求每位走过来的男人填一份问卷，而填完之后，她会看似无意地告诉他，如果他想进一步知道答案的话，可以给她家打电话。她给每位被调查者都留下了电话号码。所有这些人都不知道，这位姑娘其实也是实验中的一个环节。

在更窄、更晃也更高峻的那座桥上，32名参与者中有9个人受到了足够的吸引，给姑娘打了电话，而更低、更稳的桥上，只有2个人。

这种自发的吸引力很有可能直接和一种身体上感到的危险直接相关：危险会刺激肾上腺素的分泌，这是一种身体兴奋剂，和多巴胺以及去甲肾上腺素相关。正如心理学家伊莱恩·哈特菲尔德（Elaine Hatfield）推测的："肾上腺素使得心生喜欢。"我还要加上一点，危险对于我们每个人来说都是新鲜的，以及，就像我们说过的那样，新鲜提升了多巴胺的水平——和浪漫之爱有关的化学物质。在那座高高的、令人恐惧的桥上也许也会体验到这种兴奋剂的骤增。

还有几个实验证实了一起做一些令人激动的事，伴侣会对他们的关系感到更满意。但在另一个试验中阿特·阿伦和他的同事克里斯蒂娜·诺尔曼（Christina Norman）证实刺激性活动的确刺激了浪漫之爱。他们找到 28 对正在约会或已经结婚的男女，一起去做一件事，然后填写问卷。这件事有可能激动人心，有可能不是。每对伴侣大概需要花 1 个小时去完成。有趣的是，问卷结果显示，一起做激动人心的事（与做比较乏味的事相比）更有可能增加关系满意度，并带来更强烈的浪漫感觉。

或许我那位来自加拿大的朋友以及其他正在爱中患得患失的男男女女都需要扣动浪漫的扳机来拉那位慢热的对象一把。可能一起去一个国外城市或进行一次冒险的山麓之旅将会唤起激情。我最近看过一对男女用蹦极绳索捆在一起，从 200 英尺的吊台上一跃而下。当回到地面后，两人紧紧相拥。我并不是推荐大家都去尝试这个，但何妨试试去城市里不同角落的新餐馆，在最后一分钟买下剧院或赛事的门票，拉着手冲向游行的人群，或是在黑暗中游泳呢？任何激动人心和不同寻常的事情都有可能触动浪漫之爱。

甚至争吵也能带来激动——以及潜在的浪漫。我不是鼓励真爱的人们吵架。但是一些伴侣的确报告说争吵活跃了他们的关系。伊南娜，古代苏美尔的女王，与杜木兹就是吵着吵着爱上对方的。

当时的一首诗写道："从吵架的开端／来了爱人的欲望。"随着争执，不满会被说出来，这样也就被扫除了，然后伴侣必须用一些创造力来重新编织彼此的纽带。更重要的是愤怒会刺激身心，促进肾上腺素和其他兴奋剂的释放。

"爱是一块画布，自然来提供，想象力去刺绣。"伏尔泰（Voltaire，1694—1778，法国思想家、哲学家、文学家）这样写道。用新鲜感和冒险去刺绣吧，你或许会赢得你的爱。

性 亲 密

性也能点燃浪漫的情欲。

性对你来说是个好东西，如果你和一个自己很喜爱的人在一起，时间又恰到好处，而且你很享受这种形式的运动和自我表达。抚摩会触发催产素和内啡肽的产生，这些大脑中的化学物质可以让人放松并产生依恋的感觉。性爱帮你让皮肤、肌肉与其他身体组织保持协调。它提供了创造新鲜感和激动的机会。随着高潮到来，女人的大脑中会分泌催产素，而男人则分泌后叶加压素——这两种都是和依恋有关的化学物质。但性爱也不仅仅有利于放松、肌肉协调、给予和接受欢乐，它还经常和睾酮激素水平的升高有关，而睾酮激素可以促进多巴胺的产生，多巴胺正是爱火的燃料。

奇怪的是，即便是精液也能潜在地对浪漫激情有所促进。心理学家戈登·加吕（Gordon Gallup）与其合作者报告说精子周围的液体中含有多巴胺和去甲肾上腺素，也有酪氨酸，这是一种大脑在合成多巴胺时必需的氨基酸原料。这种射出物也含有睾酮激素，它能提升性冲动；各种雌性激素，有助于女性性唤起和性高潮。催产素和后叶加压素，能激励与伴侣产生结合的感觉，它甚至能在阴道中沉积卵泡刺激素和黄体刺激素，这是女性用来调节月经周期的。不是所有这些物质都能从血液中进入大脑组织，一些不能突破血脑屏障。但是所有的都能以这样或那样的方式促进浪漫的感觉。

加吕和他的学生丽贝卡·伯奇（Rebecca Burch）以及史蒂文·普拉特克（Steven Platek）还证实了精液流能够缓解女性的抑郁症状。这种情况的发生可能出于好几个原因。精液流包含 β-内啡肽，这种物质能够直接进入大脑，让身心平静。但也许你也注意到了，男性的精液也包含了这本书中所讨论过的所有三种基本的交配驱动力——性欲、浪漫和依恋——的必要化学成分。不用奇怪为什么女人在做爱和获取这种液体的时候会缓解抑郁，甚至她们可能因此而更接受浪漫。

"快活就美丽。"威廉·布莱克（William Blake，1757—1827）写道。两性都会被快乐的异性吸引，这也许是因为我们天生喜欢模仿那些在我们周围的人。当另一个人微笑时，我们也会不自觉地微笑，尽管转瞬即逝。而微笑会使得脸部特定的肌肉动起来，传送出神经信号给大脑并刺激大脑系统也产生愉悦。因此当你把新鲜的、冒险的、性感的事去和一位你想要赢取的浪漫伴侣分享时，要面带笑容。你可能激发爱人的快乐感——并开始点燃浪漫的火焰。

重新评估你的抗抑郁药

在你开始认真地求偶之前，必须再评估自己使用过的任何一种抗抑郁药的效用——特别是当它出现了性方面的副作用以及让你情感钝化的情况下。

我之所以这么说，基于一个重要的原因——你知道，大脑中的性欲、浪漫和依恋网络以复杂的方式互相作用。因此我的同事、精神病学家安迪·汤姆森（Andy Thomson）和我都认为人为地提升5-羟色胺活性有可能带来一定风险，影响你爱的能力。你也知道，浪漫爱情和多巴胺水平甚至去甲肾上腺素的升高有关，而这些神经递质通常和5-羟色胺是互相抑制的。所以当你通过人工的方式服药以提高大脑中的5-羟色胺水平，你也潜在地抑制了多巴胺和去甲肾上腺素的生产、分配和/或表达——也危及了你坠入情网的能力。

安迪指出，人为提升5-羟色胺水平会损害你评估追求者、选择合适配偶以及形成和保持稳固伴侣关系的能力。

举例来说，大多数这类药物都会钝化情绪。当你被一次受挫的爱情严重挫伤时，你会寻求这种感受。但如果一个男人或女人在爱情受挫事件结束后很长时间仍持续使用这类抗抑郁药物，反应能力会受到阻断，当一个很棒的新伴侣出现时，他们也许会因为情感上过于迟钝而无法注意到"他"或"她"。

这种"求爱钝化"的第一个证据已经被发现了。心理学家玛丽安娜・费舍尔（Maryanne Fisher）让使用 SSRIs 的女志愿者和不使用药物的女志愿者对男性面孔照片的吸引力打分。果然，5-羟色胺增强剂使用者打出来的分值低于非使用者，她们盯着照片看以及称赞这些男性面孔的时间也要比非使用者短。

在很多使用者身上，5-羟色胺增强剂也会抑制性冲动和阻止性响应（包括射精）。结果就是使用了这些药物的人经常会回避潜在的浪漫对象，他们害怕到了床上不行。因此他们也放弃了可以引发爱情的抚摸、亲吻和做爱。他们也错失了高潮时分催产素和后叶加压素的分泌，这两种物质有利于产生依恋感。而无法射精的男人将不能将精液中能够影响对方情绪的化学物质射入伴侣的体内。

这些提升 5-羟色胺的药物还有更多隐性的负面影响。女性高潮被演化出来有多重目的，但是科学家长期以来认为它的出现，至少部分地是为了区分"那个他"是不是真命天子。这种捉摸不定的高潮反应可以帮助祖先女性辨识那些愿意付出宝贵的时间精力来取悦自己的男子。直到如今这种情况依然未变，因此使用 5-羟色胺增强药物的女性会面临风险，即丧失评估伴侣情感承诺的能力。还有可能更糟，很多使用 5-羟色胺增强药物的人会传递出错误信号，显得对床笫之欢缺乏兴趣，如此便将吓退一位准伴侣。他们也会倾向于做出自己和这位伴侣不协调的结论，而事实上，他们就是吃多了药而已。

使用 5-羟色胺增强药物以抗抑郁的人潜在地损害了自己评估伴侣、引发浪漫和形成依恋的能力——由此改变了他们的爱情生活以及遗传基因的未来。

男性亲密， 女性亲密

"然而我看到了丘比特之箭落在了哪里：它落在西边的一朵小花上，以前是乳白色，现在因为爱的伤而变紫，少女们把它称为爱懒花。把那花拿给我，我曾给你看过这种草药。它的汁液滴在沉睡的眼皮上，那么无论男女，都会疯狂地爱上，醒来所见的第一个生物。"莎士比亚的《仲夏夜之梦》中，妖精之王奥伯龙讲到了一种能让你坠入爱河的强大花朵。

在人类漫长的演化过程中，有多少男人和女人曾梦想得到这样的一种花？唉，可惜的是它并不存在。即便服用药物（或者可卡因或安非他命那样的街头毒品）能够提升大脑中的多巴胺水平，也无法令某人爱上你——如果对方没有准备好或者寻找的是另一种类型的伴侣。但是如果一个可靠的追求者表示出了对你有一定兴趣，那还有其他很多种方法，能够激发他们的兴致、捕获他们的心，通过利用大脑中的性别差异这种东西。

当代社会，亲密是很普遍的，很多地方——不只美国，还有墨西哥、印度和中国——都把这种亲近和分享的感觉作为浪漫爱情的核心。但是男性和女性通常对此有不同的定义和表达。

两性都认为一起分享私人秘密和做快乐的事是一种亲密。但是女性经常会觉得亲密是面对面交谈，而男性倾向于肩并肩，在工作和玩耍的时候这样就能感到靠近。实际上，男性经常会觉得互相盯着对方看会产生轻微的威胁感和挑战感，因此他们会坐在同伴边上并避免直视。这种反应继承自他们的祖先。几百万年来男性都是直面他们的敌人的，他们在和朋友们一起狩猎时是并肩坐在一起或并肩行进的。

聪明的女性会懂得欣赏这种性别差异。为了达到和一位男性伴侣的亲密，她们选择待在一侧，诸如在丛林和商场中走路，共乘一辆车，坐在电影院里，依偎着看电视——都靠在他的身旁。

大多数男性还会从玩耍和看体育比赛中得到亲密感。数百万年来追捕、包围和打倒猎物的经验使得他们平均而言比女性的空间感要强——这是一种和男性荷尔蒙睾酮有关的智力。因此当一个女人和一个男人一起滑雪、爬山、下棋，或者在网球或足球比赛中欢呼时，他可能会十分被她吸引。

女性则从面对面交谈当中得到了巨大的亲密感。她们会比男人之间坐得更近，而且她们直视对方的眼睛，用一种语言学家德博拉·坦恩（Deborah Tannen）称为"锚钉"的方式。这种爱好可能也要回溯到从前——祖先女人们把婴儿抱在身前，用语言来教他们、抚摸他们和逗他们的日子。所以如果你是个善解人意的男人，当你发现自己和一个女人一起坐在公园的长凳子上，而她把自己的脚、膝盖、臀部、胸部、肩膀、脖子和脸都转过来，对着你的脸说话，记住你得同样转过来，直视对方说话。如果你直直朝前看而躲避着她的眼睛，她就会觉得你在躲避她。通过回应她的"锚钉"，你其实是给了她关于亲密的原始礼物。这也许能引发浪漫的憧憬。

求 爱 语

如果说男性喜欢体育赛事和其他强调空间技能的活动，那么女人则喜欢文字。小女孩就比小男孩学会说话更早，语法更准确，每次用的词也更多。在这个世界上的很多社会形态下，平均而言女性比男性的语言能力要强——这可能因为至少一百万年来言语是女性用以抚养后代的工具。事实上，女性的口头表达能力甚至和女性荷尔蒙雌激素相关。

因此聪明的男人会用语言来求偶——在电话中、在约会中、在枕边。最近我的一个朋友告诉我她觉得自己疯狂地爱着那个后来成为了她丈夫的男人，是因为他开始给她写（很糟糕的）诗；男人不需要语言天赋，他们仅仅需要勇气和单词。

女性和男性会通过谈论不同的事物达到亲密。很多男人喜欢谈运动、政治、全球大事和商业。这是一个充满赢和输、胜利者和失败者、地位和权势的世界，男人们能懂，因为他们一直在追逐着地位，为了赢得交配机会。女性，与此相反，她们更多被关于私人事件及其他人的那些充满情绪、自我披露的谈话所吸引。这可能因为她们是在一个社交沟通对生存来说至关重要的远古环境中演化而来的。

到了中年之后，男性和女性会变得更相像一些，部分是因为女性身上的雌激素和男性身上的睾酮激素都开始下降。但是无论什么年龄，观察力敏锐的求爱者都会努力参与能吸引一位爱人的谈话，希望能增进亲密关系，点燃浪漫之火。

性即亲密

性，同样的，也能导向亲密——而且潜在地能够引发浪漫的狂喜。男性中把性亲密等同于情感亲密的人是女性的 4 倍。男性的这种观点自有其达尔文逻辑。性交是男性得到后代的入场券，如果他的伴侣怀孕了，他就把自己的 DNA 传到了未来。因此虽然男性经常没有自觉的意识去生小孩，但这种演化的回报好像赋予了男性心理以一种无意识的倾向，那就是性交是作为亲密、喜爱和伙伴关系的本质要素。

女性报告说，在和一个伴侣做爱前如能有一些谈话，她们会觉得更亲密。性交前闲谈会带来亲密感也许是因为这显示了男性恋人们能够倾听，有耐心并能给予支持，能控制自己的欲望，这些都被认为是祖先女性们在伴侣身上需要的。

不管你从什么角度看，性都是非常让人难忘的，当事情进展顺利时，它会让人感到满足。那些在关系中很熟练地处理性方面的问题的人，无形中有了激起浪漫爱情的利器。

交易时分

我们都知道女人容易被那些拥有资源并慷慨地和交配伴侣分

享金钱、时间、社会关系和地位的男人所吸引。所以恋爱中的那些鲜花、巧克力和剧票也许真的是从头到脚把她给推倒了。你也应该能想起来前面我讲过的，男人十分被那些他们觉得需要拯救的女性所吸引。因此女性常常不自觉地诉说和做出显得自己很脆弱的事情，我把这叫作"折翼"策略。很显然，这种需要经常会促发男人身上的殷勤和浪漫。

男人最不愿展现的就是脆弱。可不是嘛，在你能炫耀自己力量和成就的时候何必去展示自己的弱点呢？男人就是喜欢吹嘘，而女人洗耳恭听。尽管常常被这些赤裸裸的鼓吹给吓着，但她们还是对此留下了深刻的印象。因此像女人表现的无助一样，男人表现的狂妄和自吹自擂往往能点亮对方心底的火苗。

奥斯卡·王尔德(Oscar Wilde, 1854—1900, 爱尔兰作家、诗人、剧作家)曾经写道："爱的本质是不确定。"这是很聪明的观察。我们在求偶时得小心行事，如果你太急切了，那些还没做好决定的求爱者也许就跑了。生物性在这种行为中往往起到一定作用。太早得到回报会让大脑中多巴胺的活动期限缩短、强度降低，而延迟反倒会刺激它。因此，那些"难以得到"的人才会让求爱者兴奋。安德烈亚斯很早以前就知道这一点了，他提醒12世纪的法国人："容易得到的爱是廉价的，难以得到方使得它珍贵。"因此那些想要在一位准情人身上激发浪漫的人也许应该艺术地创造一些神秘、障碍和不确定。

我知道以上这些听起来像是玩游戏一样，但爱就是个游戏，自然的唯一游戏。这个星球上的每一个生物都在玩——背后不自觉的阴谋是把它们的DNA传下去，而自然则只管通过数孩子来得分。

让自己去爱

如果莎士比亚笔下的奥伯龙把那朵"西边的小花"的汁液洒在了他自己的眼皮上，会发生什么？我们中的大多数人都遇见了自己钦佩和欣赏的人。他或者她具有友好、慷慨、诚实、快乐、有抱负、幽默、成功、有吸引力、有趣和多情等种种适合你的品质。但我们没法在对方身上唤起那种神奇的感觉，这种情况下你能让自己坠入爱河吗？

我们当然可以来试一试。找到你真正愿意和这位爱慕对象一起做的事情，给他们新鲜感和刺激感。驱除干扰，特别是其他情人。真正地将自己敞开，去适应他或她的想法、感觉和做爱方式。为了得到浪漫的爱情你可以让自己去刺激适当的大脑回路。

心理学家罗伯特·爱泼斯坦（Robert Epstein）就在做这方面的尝试。作为《今日心理学》（*Psychology Today*）的执行主编和 11 本书及好几打学院论文的著者，爱泼斯坦最近在他的杂志上启动了一个广告，征寻一名愿意和他约会的女子，唯一特定的目的就是能陷入疯狂的恋爱。他希望这个过程能持续 6 个月到 1 年并最终以结婚收尾。爱泼斯坦列出了几条规定，其中有：两个人要有规律地接受咨询；两个人都要大量阅读有关于爱的小说和非虚构作品；两个人都要每天记日记和做一些练习（比如说同步呼吸）；两个人都要积极地想办法彻底了解对方。

爱泼斯坦相信你是可以通过学习来坠入情网的。那些包办婚姻和邮购新娘的做法也显然是相信你能够自投罗网到这个法术中去的。我也相信。如果你找来一个准备好去爱的人并且对方也适合你的爱情地图，如果你保持心灵开放并一起去做新鲜的事，你也许就能激活大脑中为浪漫激情准备的网络。

丘比特"西边的小花"的汁液，其实是创造力和决心。

为何激情随时间消退

"在爱的火焰之中/藏着使它熄灭的灯芯。"莎士比亚如是说。浪漫爱情通常会随着时间而消退。

一开始你会花上几个星期乃至几个月的时间来示爱，写长长的电子邮件，做亲密的交谈，一起去体验各种餐馆、音乐会、派对和体育赛事，以及在床上共享其乐融融。你不停地努力，只是为了让心爱的人印象深刻并对你深深着迷。有时候你自己兴奋得甚至不想睡觉。接下来，经年累月，你的浪漫极乐开始修成正果，双方结成了更深的联结：长时间的依恋。浪漫热情在长期关系中延续。这种热情在度假中或其他一些新鲜的富于冒险的时刻仍然会很强烈，但是这种若狂的欣喜、激烈的干劲和挥之不去的念想一般会减弱，让位于安全感和满足感。

事实上，大脑是如何制止早期的浪漫激情风暴，我们还不得而知。很可能发生了以下三个事件中的一个：制造和传递多巴胺（也可能是去甲肾上腺素）的大脑区域开始更少地散播它们的兴奋剂了；位于神经末梢上的上述化学物质的受体渐渐变得不敏感了；

大脑中的其他化学物质开始蒙蔽或抵消激情化学物质了。但,且不管生物学上的原因为何,身体好歹逐步消停下来了。

这种浪漫爱情的消退毫无疑问是演化的把戏。剧烈的浪漫激情消耗了巨大的时间和精力,长年累月地沉迷溺爱一位情人会对人的大脑平衡和日常行为(包括抚养小孩)造成明显的破坏。相反地,这些大脑回路主要是为了一个目的而演化出来的:驱使我们的祖先们去探寻和找到特定的交配伴侣,然后排他性地与之交配直至确定无疑地怀孕。就这意义而言,祖先夫妇需要适时停止把注意力一直集中在对方身上,而转向建立一个安全的社交世界,以便他们一同将宝贝后代抚养成人。自然给了我们激情,然后又给了我们平静——直至我们再次爱上。

让爱持久

但一些人仍然有可能在一生中保持激情。有些结婚 20 年以上的伴侣还是报告说他们爱着彼此。在一个引人注意的研究中,那些进入婚姻超过 20 年的男人和女人在浪漫激情的调查测验中比那些仅仅结婚 5 年的人得分还要高。他们的分数看起来和高中生差不多。

我最近就遇见了这样一对伴侣。在一个业务晚餐中我发现自己坐在一位英俊、聪明、友善的中年男子旁边,他是美国一个大型的非营利组织的总裁。当得知我正在写一本和浪漫爱情有关的书时,他告诉我说他还和自己的妻子处于恋爱中,他们结婚已有

26 年了。接下来的那个月我极其幸运地又遇见了他的妻子，一位优雅而有学识的女人。对方并不知道我之前和她丈夫的那番交谈，却公开告诉我说她对自己的配偶仍然十分爱恋。因此后来那位丈夫加入我们的谈话之后，我就开始追问他们两人是如何长久保持这份激情的。

女的说："幽默。"男的说："性。"

对这两个答案我都毫不怀疑。幽默是基于新鲜感的，意想不到之事——这提升了大脑中的多巴胺水平；而性和睾酮水平的提升有关，在一系列的链式反应中，睾酮也会促增多巴胺。但我还想到这对迷人的伴侣也在通过另外一种方式使得爱保持活力。他们俩都从事着相当激动人心的职业，一起做了很多不寻常的事情。我相信他们的生活方式刺激了多巴胺水平并维持了浪漫激情。

"一个人去爱拥有的东西不该只是一种习惯。"阿纳托尔·法朗士（Anatole France，1844—1924，法国作家、社会活动家）写道。为了抵消这种思维惯性，治疗师们建议人们做一些标准练习：承诺；"积极地"聆听伴侣；问一些问题；给一些答案；赞赏对方；保持吸引力；保持智识一直提升；包容她；给他私人空间；保持诚实和信任；告诉你的伴侣你需要什么；接受对方的缺点；注意礼貌；练习你的幽默感；永远不要威胁说离开；忘记过去；有建设性地争吵；不私通；不要预设这段关系会永远保持；每天都做一些建设性的事；永不放弃。

以上这些和许多其他明智的习惯可以保持长期依恋，但它们都不像是能提高多巴胺水平或维持浪漫激情的。然而，其他策略可以使得这团火继续燃烧。

"即便在一起，也要留空间。"哈利勒·纪伯伦（Kahlil Gibran，1883—1931）建议道。即便这位黎巴嫩诗人自己或许也浑然未觉，但他所道出的其实是生物学意义上维系浪漫爱情的良好建议。就像之前我提到过的那样，当一种奖赏延迟抵达时，这晚到的礼物延长了多巴胺细胞的活动——因此就将加速这种天然兴奋剂进入大脑中的奖赏中心。虽然男人会比女人更需要独处和自主，但对于两种性别来说，"留空间"也许都有助于维系浪漫激情。

鉴于我们对爱的了解，去参与一些治疗专家们称作"约会时间"的环节仍属明智之举。培养一些共同的爱好，重视一起去做些新鲜的、令人兴奋的事。多样化，多样化，再多样化：它可以刺激大脑中的快乐中枢，维持浪漫爱情的气氛。

激情和理智

从古希腊时代开始，诗人、哲人和剧作家就都认为激情和理智是独立的、截然相反的甚至对立的现象。柏拉图总结了这两方面，他说人的欲望和野马是一样的，有智识的人是"驭马的人"，他必须去制止和引导这种欲求。多少个世纪以来，这种信念都源远流长，即人必须去找到理智来战胜更基本的冲动。早期基督教神学家们更将此坚固地渗透进西方观念：感情和欲望是诱惑，是原罪，必须用理智和意志力去克服。

如今神经科学家们相信，无论如何，理智和激情在大脑中不可阻挡地连接在一起，而我认为在这种连接当中体现了有关控制浪漫爱情的重要方面。

你可能还能想得起来，前额叶皮层正位于额头之后，在史前时期经历了急剧扩增，致力于处理信息。这是大脑中的工作中心。通过前额叶皮层（以及它的连接），你从感官中搜集有秩序的数据，进而分析评估这些细节，推理、计划、做出决定。但是前额叶皮层还会和许多皮层下脑区一起指导连接，其中包括一个情绪中枢：杏仁核，还有一个动机中枢：尾状核，以及其他一些。因此思想、感觉、记忆和动机是紧密整合在一起的。理智和激情不可分割地关联在一起。

事实上，一个人很少会在没有感觉和驱动的情况下产生什么念头，也很少会在想也不想的情况下产生什么感觉和需要。这有一个很好的解释，如神经科学家安东尼奥·达马西奥（Antonio Damasio）所言，没有情感和需求，我们不能给不同的选择标定不同的价值。缺乏衡量变数和做出选择所需的关键情感因素的话，我们的想法、思考和决定都将是无趣的、冷血的。我们可能就成了"冰冻的灵魂"。

神经科学家约瑟夫·勒杜（Joseph Ledoux）甚至发现大脑中有两条为整合情感和理智而形成的通道："高通路"和"低通路"。它们都和大脑中的奖赏系统有关联，包括需求和驱动。当杏仁核收到直接来自前额叶皮层的信号时我们就会控制自己，我们在感觉和行动之前会先思考，这是"高通路"。但是杏仁核也会直接接收来自绕过前额叶皮层的感觉区域的信息，这是"低通路"，它是无理性的、情感激烈的，比"高通路"要厉害得多，极其难以克制。这条"低通路"使得恋人们在看到心上人时能够体会到极大的欣喜和渴望，甚至先于他们理性地思考"他"或"她"之前。但是这条"低通路"也会在不假思索、失去控制的愤怒中把失望的情人们吞没——激起他们冲动地对着心爱之人咆哮，攻击乃至杀死对方。

这个大脑线路中也有光明的一面：我们人类是能够掌控"高通路"的。前额叶皮层能够并且经常会练习着控制那些产生情绪和驱动的区域，包括杏仁核以及其他演化意义上的更古老的大脑系统。就像哲学家约翰·杜威（John Dewey，1859—1952，美国人）所说的那样："头脑主要是一个动词。"我十分赞同。人类的前额叶皮层，地球上的生命所产生的最高成就，是为了做事来到世上的——用独一无二的方式组装数据、思考推理、做出抉择以及驾驭我们的本能冲动。亚里士多德说得好："大脑缓和着内心的火热和沸腾。"

我们能控制爱的冲动。

这种强悍的、变化无常的、原始本能的力量在我们的现代社会中，境遇又如何呢？

第 9 章

"众神也疯狂"：爱的胜利

09

爱——你如此之深——

我不能穿过你——

但，若有两个人

而非独自一人——

划船，驾驶它——在某个君主般的夏日

谁知道呢——我们或将抵达太阳？

——艾米莉·狄金森《爱，你如此之高》

"这些天来，世上没有什么不可能的，一个人可以做成任何事。我向纱丽·帕苏帕巴巴[1]发誓，随着我们的爱越来越浓，未来它也会继续生长和圆满下去，希望它生生不息。"20世纪90年代，瓦加·伯哈多(Vajra Bahadur)在尼泊尔的一个小乡村里为西拉(Shila)写下了这样的句子。这是人类学家劳拉·埃亨(Laura Ahearn)居住在离加德满都数百千米远的小社区期间搜集到的几百封情书中的一封。

几个世纪以来，尼泊尔的父母都为他们的孩子们安排婚姻，基于复杂的亲缘和种姓关系。新娘和新郎在他们婚礼的第一天才开始说上第一句话。但随着电气化时代、电影院中的印度爱情片、教育和识字等形态的到来，一种新的传统也由此开辟：情书。1993年之后，90%的已婚人士都和他们心爱的人私奔了。

随着贸易、工业、通信和教育等事业在全球突飞猛进地发展，

---

1 当地供奉在神庙中的神祇。——译注

很多其他地区的人们也开始逃离包办婚姻的风俗传统，转而选择自己喜欢的人。或许你也能想得起来，在最近的一个涉及 37 个文化的调查当中，从巴西、尼日利亚到印度尼西亚，男性和女性都把爱（或者说是互相吸引）列为择偶的主要准则。只有在印度、巴基斯坦和其他一些伊斯兰国家，包括部分撒哈拉以南的非洲地区，还有一些普遍贫穷的地区（以家庭扩张为生存之道），才有超过 50% 的人仍然奉父母之命成婚。即便是在这些地区，订婚了的男女也已经能够在婚礼日之前见面，以此确定或拒绝这次婚配。

这种长辈安排的婚姻也不都是没有爱情的。

相反，在印度，人们倒是常说："先结婚，再恋爱。"不过当今世上绝大多数的人们都是自行选择伴侣的，中国人称之为"自由恋爱"。

浪漫爱情重现

婚姻中浪漫爱情的出现，电影、戏剧、诗歌、歌曲和书籍中对这种激情无处不在的赞美，电视和电台中遍布世界各地的关于浪漫的讨论，以及关于浪漫之爱是男人和女人伴侣关系的基石的信仰，是许多社会趋势所致。但其中一些现象特别重要，一个是个人自主权的提升，另一个是随之而来的女性进入劳动市场数量的激增。

几百万年来，我们的祖先都生活在小规模的狩猎-采集团队中，男人和女人都要劳动。男人外出执行"打猎"任务，女人徒步去远处的野地搜集蔬菜和水果——她们提供了 60%~80% 的日常食物。有超凡能力的男人或年长的女人领导整个团队。传统会将一切都束缚在无数的社会规则当中。但是男人和女人都有自由来做大部分个人决定；个体相对来说是比较自主的。

狩猎-采集时代的生活意味着古代的父母（为了服务于社会责任）一般会为女儿挑选第一个丈夫。不过充其量他们也就尽到义务而已，无论如何，不会施加很大的压力到晚辈身上，要求他们必须遵循，大多数这种订婚都失败了。然后离婚者结第二次、第三次婚——因为他们可以这样。女人是强大的、有经济能力的，有性选择权，也有社会地位。一旦发现彼此不能和谐地生活在一起了，谁都能承受分开。在那几百万年里我们的祖先都是为了爱而结婚。

大约1万年前，人类的生活发生了急剧的变化。随着我们的祖先在农场中定居下来，个人自主权和两性之间经济平衡的力量逐渐被削弱了。法典政治和社会等级开始出现。从英格兰到中国，男人们都开始耕作土地，以物易物，把他们的产品带到当地市场上去卖，男人很快主宰了土地、家畜和家庭中的大部分财产。与此同时，由于不再外出游荡寻找食物，囿于园艺和家务等二等工作，缺乏财产和教育机会，世界各地的女人们都失去了古时候的文化地位。更有甚者，婚姻成了生意投资，一种财产交换、政治联盟和社会关系。男孩女孩们都不可能为了爱而结婚了。

浪漫之爱却不会因此而被禁锢。有钱人会娶妾或第二任妻子，没土地没钱的汉子要和爱人结婚。毫无疑问，很多男人和女人在传统订婚形式下也和对方相互爱上了。人们仍然在神话、传奇、戏剧、歌曲、诗歌和油画中歌颂爱情。但是在古代埃及、希腊、罗马，还有早期的印度、中国、日本和很多其他历史较为悠久的地区的人们，更多还是为了责任、钱财和联盟而结婚，而非为爱。事实上，在亚洲和非洲的部分地区，浪漫之爱是让人恐惧的。这种易变的事物会导致自杀或谋杀，更糟糕的是，它有可能搅乱本就不够坚固的社会网络。

随着贸易和城市的发展，以及接下来发生的工业革命，越来越多的欧洲人和美国人逃离了农场生活。不再受血缘亲属所组成的原生本地人际网络的羁绊，更多人开始按照自己的心意行事。到了19世纪，许多男男女女都为了爱而结婚——在他们父母允许的情况下。"丘比特那火热的箭"（莎士比亚语）刺穿了西方的心灵。

20世纪，女性开始进入有偿工作领域，这个势头在21世纪继续延伸，也让"为爱而结婚"的理念传播得更深远。扩散开来的文书工作、迅速发展的法定职业、蒸蒸日上的健康护理业、繁荣的全球服务经济、新兴的非营利组织和高歌猛进的通信时代合力把女性带入市场。结果，各地女性重新取得了经济权，同时还有健康权和教育权。随着经济上变得更加自主，她们就可以选择和所爱之人结为伴侣生活在一起了。

"我愿意。"在一份1991年的美国调查中，86%的男人和91%的女人报告说，他们不会对着自己不喜欢的人说这种话，即便这个人拥有其他所有他们在寻求的配偶特质。中国香港的居民在结婚这件事上的考虑也完全平等，在20世纪90年代的一个调查中，只有5.8%的人回答说他们会和自己不爱的人结婚。更引人注目的是，现在有大约50%的美国男人和女人认为如果浪漫之爱消失了，自己有权利离婚。

女人也拒绝一夫多妻制。历史上曾有一个时期，世界上 84%
的社会文化允许男人同一时间拥有超过一个妻子。传统上，只有
5%～20% 的男人真正享有了足够让他去纳入多个妻子的财富和社
会地位。女人会忍受这样的结合，通常来说，做有钱男人的第二
个妻子也比做一个穷光蛋的原配要强。但近几十年来，随着越来
越多的女性获得经济权，愿意去承担分享一个丈夫带来的争宠、
嫉妒和争斗的人就越来越少了。正如 18 岁的德黑兰女孩法里马·
萨纳蒂（Farima Sanati）所说："一个女人是无法容忍这件事的。"

人类不仅仅是重新获得自主权和社会、政治、性别平等，还
赢得了更多时间。

有时间爱了

男性和女性都活得更长了。人类学家相信人类的自然寿命至
少在最近一百万年内没有发生什么变化，但随着更多的人能挨过
婴儿期、儿童期的感染性疾病，在经历事故、生育和雄性之间的
斗争之后仍然活下来，很多人都活到了老年。在 1900 年，只有
4% 的美国人活到超过 65 岁，而现在 11% 的人能超过这个寿命；
到了 2030 年大概会有 20% 的人能达到；而 2050 年，世界范围内
将有 15%～19% 的人口能活到超过 65 岁。

很多老年人现在都是独居，没有和自己的子女住在一起。他
们身体尚健康。事实上，一些人口统计学家说我们应该把"中年"

划分到 85 岁之前，很大程度上是因为 40% 的男性和女性在那个年龄还是功能健全的。人类赢得了用来爱的时间。

科学技术也对此有所裨益。睾酮霜和贴片可以保持性方面的旺盛。万艾可和其他的药物能够帮助年长的人，绝大多数是男性，在床上依旧身手不凡。雌激素替代疗法能让女性的性唤起机制保持活力。通过很多创新，从整形手术到药膏，还有可以想象的各种材质、形状和风格的服装，男人和女人可以一直表达他们的性需求和坠入爱河，几乎持续到他们去世。

我们也早早地开始了恋爱之旅。在狩猎-采集社会中，孩子们大致在五六岁的时候就开始琢磨性与爱。但因为女孩都太瘦了，劳动任务也重，一般在十六七岁的时候才进入青春期，20 岁左右开始生第一个孩子。现代社会的小孩也会在很小的时候就开始角色扮演。随着我们坐得越来越多和吃得越来越丰盛的生活方式，发达工业社会的女孩进入青春期的年龄提前到了十二岁半。她们越来越多在这个年龄之后就怀孕了，远远提前于原先所预期的时间点就进入了成人的爱情周期。

永恒之爱

但是自然喜欢机遇。实际上，我们在任何年龄都可以去爱。

我们在孩童年代就会爱。有个出色的研究探讨了童年的浪漫，一些只有 5 岁的小朋友就报告说和那些 18 岁的青年人一样坠入了爱河。我自己也注意到了这个现象。最近听到一个 8 岁男孩十分完整地对我描述了他对一个同龄女孩的爱慕症状。他没法不想她。他详述了她的言谈举止和他们在一起度过的时光。在学校里只要她和他说话，他就会感到兴高采烈。

70 岁、80 岁乃至 90 岁的老年男女，也还会感受到爱的魔力。我的一个朋友在 92 岁的时候爱上了一位 76 岁的女性。他妻子是 5 年前去世的。后来他就对一位老朋友产生了心仪的感觉。他唯一的担心是对方比自己年轻许多。有趣的是，在针对 255 名青少年、中年人和老年人的调查中，科学家没发现他们的浪漫激情在强烈程度上有何不同，60 岁的男人和女人能够和 16 岁的时候一样去爱。年长的人在一起会做更多样也更有想象力的事情，但是年龄不会让浪漫的感觉有所不同。

为何我们相爱

古希腊人把浪漫爱情叫作"众神的疯狂"，为什么这种激情可以在任何年龄段都被激起？

因为爱的需求是一个多目的机制。

当孩子们陷入爱里时，他们是在练习求偶策略，探索怎样以及何时何地来调情。男孩和女孩学习了解什么能吸引一个伴侣而什么不能，如何说是和说不，还有被拒的感觉。他们为生命中最重要的行动做准备：追求一个可匹配的伴侣。

青少年有一个更艰难的任务。求偶季节就在他们前面不远了，他们要开始练习求爱的原始形态。在他们笨拙地筛选约会机会之际，也获得了关于自身和他人的知识，并且形成了喜好和厌恶。

世界上大多数男人和女人在他们 20 多岁的时候结婚。浪漫爱情永恒的目的，是把一个个体的注意力聚焦在一位"特殊的"人身上，和这位心上人形成一种可见的社会伴侣关系，并且对其保持性忠诚，至少时间要长至足够用来共同孕育一个孩子。在一些伴侣身上，这种激情会随着其中一位爱上其他人而消失；在另外一些人身上，浪漫爱情能够将这对伴侣互相牢牢胶合，使得他们接下来很多年都能一起供养他们共同的后代。

这种长期联合被称作"伙伴婚姻"或者"同行婚姻"，在旗鼓相当的人之间结成的婚姻，伴侣双方都工作并分享亲密和家务。因为女性再次进入有偿劳动力大军，社会学家预言说同行婚姻将会是 21 世纪最普遍的婚姻形式。而且因为人口正在出现老龄化，结婚率在接下来这些年里都会趋于平稳。找到自主和亲密之间的适配可能将会是许多处于同行婚姻的人们的中心议题。

为什么老年人也会坠入爱河？远古时期那些在年长者身上发生的浪漫爱情也有着一个适应性功能。这种激情能够给老年男性和女性带来活力，性爱的下午时光会让身体保持柔软，给了他们继续作为社区的积极分子的理由，给了他们提供身体和情感支持的伴侣。黄昏恋仍然提供了这些永恒的目的。

然而，直到最近，世界各地的老年男性都在找年轻的女性。因此很多人认为上了年纪的女性在爱情上的机会更少。但是这种男性趣味也开始发生一些转变——部分因为养育婴儿代价太大。眼下一个工薪阶层的美国家庭至少要花费总计 21.3 万美金在一个孩子身上，在孩子长到 18 岁（上大学）之前。一个中产阶级家庭的花费还要更高。因此老年男性开始对那些希望生养小孩的年轻女子小心谨慎起来。

各种文化中的男同性恋者和女同性恋者同样能感受到浪漫激情。你该能想得起来，在第 1 章之中，我的浪漫爱情调查表就显示同性恋者甚至体验到了比其他人更多的"手汗症状"。我十分确信这些男人和女人的大脑就和其他人一样，有着人类的浪漫回路和化学物质。只不过，在子宫里面和孩童时期的发育中，他们的激情被赋予了不同的注意力焦点。

爱的驱动

为浪漫之爱越来越盛行的趋势而欢呼吧——因着它所有的梦想和伤感，这种激情在我们的现代社会里已经卸下了曾经的缰绳，今天有千百万的人们在为找到它而努力。美国 18 岁以上的人群中，有 4 600 万单身女子和 3 800 万单身男子。他们中有 25% 的人加入了寻找真爱的约会服务，还有更多人则求助于报纸和杂志上的私人广告。2002 年，在线和非在线的配对服务行业在美国可是总价 9.17 亿美元的生意。

在所有寻找浪漫的途径中，对我来说最不寻常的是多夫多妻制，即拥有"许多爱"。多夫多妻制的男人和女人在同一时间段里会和不同的人结成伴侣关系，他们相信一个对象无法满足自己所有的需求，但也不愿意放弃一份长期、稳固、令人满意的婚姻关系。所以配偶们达成一致要对彼此诚实，建立一套自行决定的规则，开始另外一段浪漫。这种方式，他们争辩说，每个人都可以享受和一个固定伴侣的依恋，以及和另一个人的爱情。相应地，这个人群还自创了一份著名杂志，名叫：《爱更多》（*Loving More*）。

多夫多妻制是乌托邦式的——也有些不切实际。因为你也知道，浪漫之爱其实是一种其他许多动机/情感回路的交织——包括其他的原始交配需求、欲望和男女之间的依恋。我先前提到过这三个大脑回路经常互相影响，它们也会独立运作。事实上，你可以从一个长期伴侣那里感受到依恋，同时从另外一个人那里感受到浪漫，并且又从一本书、一场电影，或在脑海中回想的一个性爱场面中感受到性冲动。这些线路的演化，一部分可能是为了让祖先中的男人和女人保持一段表面上长时间的结伴而秘密地发展另一个交配机会。多夫多妻制的人们则想公开地做这些。

但人类是不会优雅地分享爱的。就像一位澳大利亚土著所说："我们是嫉妒型人种。"事实上并不让人吃惊的事实是，多夫多妻制的伴侣每个星期都要花时间整理他们的感觉，占有或嫉妒。

这三种独立的交配驱动某种程度上引起了我们一生中的许多混乱。高通奸率和离婚率，跟踪和殴打配偶的高发生率，还有世界范围内普遍存在的和爱有关的谋杀、自杀和临床抑郁都属于我们身上爱上再次爱上的冲动所带来的后果。

撇开所有一切与对爱的失望有关的流泪以及发怒，我们中的绝大多数人还是会恢复过来，重新求偶。浪漫之爱给了人类无穷的乐趣。总的来说，它对社会贡献巨大。丈夫、妻子、父亲和核心家庭的概念；求爱和婚姻传统；伟大的歌剧、小说、电影、歌曲、诗歌、油画和雕塑；很多传统风俗，甚至一些节日；数以亿计的文化制品。某种程度而言，都是来自这种古老的爱的驱动。

我们仍然对神灵们的疯狂之举知之甚少。举例来说，一些大脑过程仍然没有被识别出来，而恰恰是它们制造了恋人们那种感到和心上人融为一体的感觉。科学家已经能非常精确地描绘当一个人感到一种"更高的力量"时会活跃的大脑区域，如上帝。说不定这个区域也涉及爱。我们不知道是什么创造了恋人们彼此间疯狂的性排他。这，还必须通过一些大脑解剖和功能来完成。

对大脑中的爱情回路的研究也提出了更宽泛的问题。医生们是否能够用改变大脑功能的药物去治疗那些跟踪者和虐待配偶者？律师、法官和立法委员是否应该把那些因为激情而杀人的人判为化学性失能？离婚法是否应该适应人类离开不快乐结合的倾向？我相信我们对浪漫（还有性欲和依恋）的生物学了解得越多，就越会感激文化和经验对人类行为的指导作用——我们就越需要去解决这些，以及其他许多复杂的道德和责任问题。

但我确信的一件事是：无论科学家们能够多么出色地完成大脑地图和找出浪漫之爱的生物学，他们也永远不可能破坏这种激情的神秘。我以我自己的经验来保证。

人们总是问我那些有关爱的知识如何影响我的个人生活。我是感到更有知识了，并且，难以解释地，我觉得更安全了。我更多地明白了为什么自己会有如此多的感受。我可以预测一些身边人的行为。我有了一些用来处理自己和他人问题的工具。但我所知的这一切并未让我的感觉方式有丝毫改变。你可以知道贝多芬《第九交响曲》的每个音符，但仍然会在每一次倾听的时候激动不已。你可以确切地知道伦勃朗怎么混合颜料并将之应用到画作上，但依旧会对着他的一张画像感受到对全人类的巨大悲悯。不管每个人对这个主题了解多少，我们都能感受到它的魔力。

人类又回到了一个原点，回到我们先人 100 万年前就表达了的浪漫、婚姻的模式。孩童时期的迷恋，青春期的一系列浪漫，20 多岁时结婚，中年时没准还会有一段感情或又结一次婚，以及黄金时期步入浪漫。浪漫之爱深深地交织在我们人类的精神之中。如果人性能够在这个星球上继续存在几百万年的话，这种原始的交配力也将一直盛行。

附　录

生日＿＿＿＿＿＿＿＿＿＿＿＿

性别　　男＿＿＿＿＿　　女＿＿＿＿＿

预　备

S1. 你爱过吗？

是　　　　否

S2. 你目前正处于恋爱之中，还是你会想着对过去的某个人的感觉来回答这张问卷？

S3. 当你爱着某人时，一天里大概有百分之多少的时间 ta 会进入你的脑海里？

S4. 当你恋爱的时候，你会不会有时觉得你的感情不受自己控制？

S5. 如果你目前正处于恋爱之中，那么开始多久了？

S6. 你和 ta 表白了吗？

S7. 对方有表示 ta 也爱着你吗？

S8. 你认为你爱着的这个人对你的热爱也像你对 ta 的热爱一样浓烈吗？

S9. 你现在仅仅对一个人神魂颠倒吗？

S10. 你结婚了？还是和 ta 同居？

S11. 如果你结婚了，那么时间有多久了？

S12. 如果你和 ta 同居，那么时间有多久了？

S13. 如果你结婚或同居了，同时也处于恋爱的感觉之中，那么你是对自己的伴侣神魂颠倒还是对别人神魂颠倒？

问卷的主要问题

1. 当我恋爱的时候，我会夜不能眠，因为我老是想着_____。

2. 当有人告诉我好玩的事情时，我会很想和_____分享它。

3. _____有些缺点，但那并不真正对我构成困扰。

4. 和_____几天不联系挺好的，这样会重新形成一些期盼。

5. _____的声音很容易辨识。

6. 当和_____的关系受到一些阻碍时，我会尽力使事情好转。

7. 我会试着把_____往好处想。

8. 当我和_____在一起时，我的思绪会飘到曾经的另一段感情。

9. 在电话里听到_____的声音时，我的心跳会加速。

10. 我喜欢_____的一切。

11. _____快乐，我就快乐，_____悲伤，我就悲伤。

12. 我觉得自己的感情被_____所充满。

附录

13. 当我和＿＿＿＿＿＿＿＿说话的时候，我经常会害怕自己说错了什么。

14. 每天睡前我想起的最后一个人是＿＿＿＿＿＿＿＿。

15. 我和＿＿＿＿＿＿＿＿的关系中，性是最重要的部分。

16. 当＿＿＿＿＿＿＿＿受到不公平的待遇时，我会很难过。

17. 我和＿＿＿＿＿＿＿＿在一起的时候觉得拥有更多的精力。

18. 当＿＿＿＿＿＿＿＿的一天过得很糟糕时，我不会很困扰。

19. 如果＿＿＿＿＿＿＿＿没空，我会愿意和其他人一起度过浪漫的一天。

20. 我为之神魂颠倒的那个人是我生活里的中心。

21. 当我被某人强烈吸引时，我会试图去解释 ta 的行为，寻找线索了解 ta 对我的感觉。

22. 有时候我会觉得＿＿＿＿＿＿＿＿对其他人有浪漫热情，因此心情会受负面影响。

23. 我永远不会忘记我们的第一次亲吻。

24. 当我在上课／上班时，脑子里都是＿＿＿＿＿＿＿＿。

25. 爱里面最好的事情就是性。

26. 我永不放弃爱＿＿＿＿＿＿＿＿，即便情况很不好的时候。

27. 我常想知道＿＿＿＿＿＿＿＿对我的热情是否如我对 ta 一般。

28. 我有时候会想＿＿＿＿＿＿＿＿的话语和手势的弦外之音。

29. 在＿＿＿＿＿＿＿＿身边我有时会觉得尴尬、害羞和拘束。

30. 我深深地希望＿＿＿＿＿＿＿＿被我吸引就像我被 ta 所吸引一样。

31. 我为爱情神魂颠倒的时候会食欲大增。

32. 当我确信＿＿＿＿＿＿＿＿也对我有热情时，我会觉得轻飘飘的。

33. 对我来说，和_____拥有良好关系比和我的家人拥有良好关系还要重要。

34. 我对_____的白日梦包括做爱等性行为。

35. 当我和_____在一起的时候很自信。

36. 不管从什么事情开始，我的思绪最终总归会回到_____身上。

37. 我的情绪状态取决于_____对我的感觉。

38. 我和亲近的朋友们的关系比我和_____的关系重要。

39. _____有一种特殊的味道，我无论在哪儿都能辨识。

40. 我会保留_____送给我的卡片和信件。

41. _____的行为对我的情绪并无影响。

42. 恋爱的时候，在性方面保持忠贞是很重要的。

43. 当_____表现很好时，我会由衷地为 ta 感到高兴。

44. 爱一个人让我更能聚精会神地工作。

45. 当想到_____时，我觉得平静安详。

46. 我会记得_____说过和做过的琐碎小事。

47. 我会愿意把自己的时间安排对_____敞开，只要 ta 有空了，我们就可以彼此见面。

48. _____的眼睛很平常。

49. 爱上不是一个选择，它就是击中了我。

50. 知道_____也爱着我，比和 ta 发生性关系对我来说更重要。

51. 我对_____的热爱可以战胜一切困难。

52. 我喜欢回想和_____一起度过的细小时光。

53. 当我知道_____或许不爱我时，我会很绝望。

54. 我会花上几个小时来回想和_____一起的浪漫片段。

55. 请简单描述你目前拥有或曾经拥有的这段关系；这段关系是痛苦的还是快乐的？你还有什么其他重要的方面希望我们知道的？

图书在版编目（CIP）数据

我们为什么相爱 / （美）海伦·费舍尔著；小庄译 . —长沙：湖南科学技术出版社，2024.8
书名原文：why we love
ISBN 978-7-5710-2776-6

Ⅰ . ①我…　Ⅱ . ①海… ②小…　Ⅲ . ①情感—通俗读物　Ⅳ . ① B842.6-49

中国国家版本馆 CIP 数据核字（2024）第 047470 号

WOMEN WEISHENME XIANG'AI
我们为什么相爱

著者	印刷
[美] 海伦·费舍尔	长沙鸿和印务有限公司
译者	厂址
小庄	长沙市望城区普瑞西路858号
出版人	邮编
潘晓山	410200
策划编辑	版次
吴炜　李蓓	2024 年 8 月第 1 版
责任编辑	印次
吴诗	2024 年 8 月第 1 次印刷
营销编辑	开本
周洋	880mm×1230mm　1/32
出版发行	印张
湖南科学技术出版社	8.75
社址	字数
长沙市芙蓉中路 416 号泊富	192 千字
国际金融中心	书号
网址	ISBN 978-7-5710-2776-6
http://www.hnstp.com	定价
湖南科学技术出版社	78.00 元
天猫旗舰店网址	（版权所有·翻印必究）
http://hnkjcbs.tmall.com